地区电网调控
运行技术及管理

《地区电网调控运行技术及管理》编委会　编

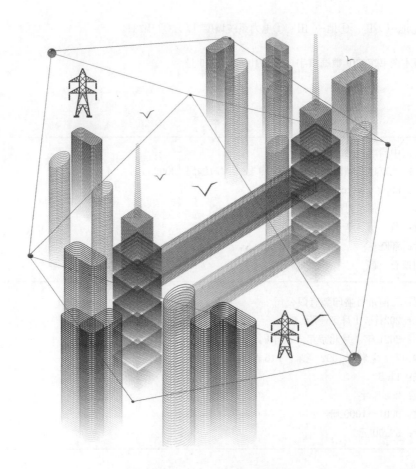

中国电力出版社
CHINA ELECTRIC POWER PRESS

内 容 提 要

电网调控运行管理不仅对电力系统运行的安全稳定有着重要的影响。为确保电力系统安全稳定运行，规范调控机构安全管理工作行为，保定电力调度控制中心组织编写了《地区电网调控运行技术及管理》，从地区电网调控运行管理概述，地区电网运行方式计划、地区电网继电保护技术、地区电网自动化技术及相应的专业管理方面对地区电网调控运行技术及管理进行了系统介绍，为实际的技术和专业管理提供参考。

本书可作为涉及地区电网运行及调控管理工作的调控运行人员、电力科技研究人员以及高等院校师生的学习和培训参考资料。

图书在版编目（CIP）数据

地区电网调控运行技术及管理 /《地区电网调控运行技术及管理》编委会编 . —北京：中国电力出版社，2021.4
ISBN 978-7-5198-5004-3

Ⅰ．①地⋯　Ⅱ．①地⋯　Ⅲ．①电力系统调度　Ⅳ．① TM73

中国版本图书馆 CIP 数据核字（2020）第 181915 号

出版发行：中国电力出版社
地　　址：北京市东城区北京站西街 19 号（邮政编码 100005）
网　　址：http://www.cepp.sgcc.com.cn
责任编辑：陈　倩　付静柔
责任校对：黄　蓓　李　楠
装帧设计：郝晓燕
责任印制：石　雷

印　　刷：三河市百盛印装有限公司
版　　次：2021 年 4 月第一版
印　　次：2021 年 4 月北京第一次印刷
开　　本：787 毫米 ×1092 毫米　16 开本
印　　张：11.5
字　　数：252 千字
印　　数：0001—1000 册
定　　价：52.00 元

编 委 会

为确保电力系统安全稳定运行，规范调控机构安全管理工作行为，保定电力调度控制中心组织相关专业人员对地区电网调控运行技术及专业管理进行了梳理，编写了本书。本书着重介绍了地区电网调控运行管理概述，地区电网运行方式计划、继电保护技术、自动化技术及相应专业管理等相关内容。

本书针对当前地区电网的调控运行管理工作，对调度控制专业工作内容进行梳理，并对重点工作做了细致讲解。运行方式计划部分针对地区电网承上启下的不同定位，明确了地区电网运行方式、无功电压、调度计划及设备检修、安全自动装置、同期线损管理各项要求，为确保电网安全稳定运行奠定坚实基础。继电保护部分系统梳理了继电保护专业管理脉络，规范了继电保护专业管理流程，突出了继电保护电网"第一道防线"作用，实现了继电保护各项工作的"PDCA"闭环管控。自动化部分主要介绍了电力自动化系统的主要构成，对主站、子站、调度数据网及安全防护、电量采集、视频系统等各个部分的系统结构和主要功能等做了详细的介绍。

本书参考了现行的国家标准、行业标准和企业标准，以及其他调控运行相关资料。

本书可作为涉及电网运行及调控管理工作的电力工作者、电力调控技术研究者、电力高等院校师生的学习和培训参考资料。

本书涉及内容广泛，且编写时间和水平有限，书中难免存在不妥或疏漏之处，恳请读者批评指正。

编者

2020.12

目录

第一章　地区电网调控运行管理概述

第一节　电网集中监控管理

一、变电站集中监控

1. 监控员职责

监控员职责可概括为：监控范围内的运行监视、电压调整、信息收集、记录分析、指令转发、遥控操作等；异常及事故情况下，信息初判断、汇报调度并通知运维人员现场检查，配合"四遥"验收。监控员具体职责如下：

（1）负责接入省调监控系统的受控站的运行监视，规定范围内的遥控、遥调等工作。

（2）负责受控站的运行方式、设备运行状态的确认及监视工作，依照有关单位及部门下达的监视参数进行运行限额监视。

（3）按规定接受、转发、执行各级调度的调度指令，正确完成受控站的遥控、遥调等操作。

（4）负责与各级调度、现场运维人员之间的业务联系。

（5）按规定负责电网无功电压调整。

（6）发现设备异常及故障情况时及时向相关调度汇报，通知现场运维人员进行现场事故及异常检查处理，按调度指令进行事故异常处理。

（7）负责检查视频监控、防火、防盗系统的运行状况，发现异常及故障情况时及时通知现场运维人员检查处理。

（8）负责对监控主站系统监控信息、画面等内容进行验收，负责受控站新建、扩建、改造及设备检修后上传至监控主站系统"四遥"功能的验收工作及有关生产准备工作。

（9）按规定完成各类报表的编制上报工作。

2. 运维人员职责

运维人员是变电站运行、维护和监视的责任主体。运维人员的主要职责为：负责所辖变电站的日常运行和维护工作；变电站范围内设备、辅助设施的运行监视与定期巡视，并做好记录，实时掌握设备运行状况，并按要求进行现场设备的检查、判断、处理；变电站设备缺陷的核实、填写、上报和督促消缺；接受调控中心的调度指挥，完成各项现场倒闸操作；事故的现场检查、处理，包括事故的善后处理；负责向调控中心报送新接入变电站或设备的相关基础资料，对资料的正确性负责。

3. 业务联系及配合

运维人员与调控中心进行业务联系时，应互相通报厂站名称（或单位名称）及姓名，使用专用的调度录音电话。

（1）网调与调控中心、运维人员的业务联系如下：

1）正常操作时，凡涉及网调设备调度的工作，相关调度指令和施工令的下达、回复、交令等由调控中心值班员（调度员或监控员，以下简称调控员）负责接转。

2）网调调度的设备新投运时，原则上调度指令由网调调度员直接下达给站内运维人员，待设备正式投运后，相关调度指令下达给调控中心值班员。

3）在异常或事故情况下，网调调度员可视情况直接向现场运维人员下达调度指令，运维人员应接令执行。

（2）省调控中心、各地区电网调控中心、运维人员之间的业务联系如下：

1）正常操作时，省调控中心值班调度员承担省管辖范围内的操作任务，需遥控操作，将调度指令直接下达至相应调控中心值班监控员，其他操作指令直接向运维人员下达。遇有操作时，运维人员应提前到达现场，向相应调控中心申请操作。

2）在异常或事故情况下，为快速恢复供电，在运维人员到站前，调控中心进行事故或异常的先期处理。运维人员到站后，调控中心向站内运维人员下达事故处理指令，运维人员应接令执行。

（3）调控中心内部业务配合规定如下：

1）调控合一值班模式下，值长负责电网整体调控工作，指挥正常电网操作、异常及事故处理。

2）调度、监控之间的正常业务联系均应做好记录，并填写运行日志。

3）凡需要上报上级调度的电网异常及事故，以及上级调度下达的调度指令等业务联系信息应按要求做好记录并执行。

4）日常工作中，调度、监控之间的调度下令、回令业务应采用会签、调度管理系统流程（OMS系统）或电话录音实现。

5）事故处理时，调控中心当值值班员应在值长的指挥下，采用会商形式，尽快确定遥控操作方案，并进行事故处理。调度指令下达、执行、回令等程序应留有正式记录。

4. 电网运行监视

调度中心与运维人员对变电站设备运行监视进行分工。调控中心与运维人员分别通过监控系统对所控变电站进行监视。调控中心重点实时监视电网一次设备运行状态、对电网安全稳定运行有直接影响的设备故障及异常、影响远方监控功能的信息。运维人员应通过监控系统和视频系统对变电站设备运行状态进行监视和检查，掌握变电站设备运行状况的全部信息。

（1）调控中心负责监视的信息如下：

1）保护装置跳闸出口信号。

2）自动装置动作出口信号。

3）开关变位信号。

4）控制回路断线信号。

5）弹簧未储能信号。

6）机构（液压或气压）压力低闭锁分合闸（重合闸）信号。

7）SF_6 压力低闭锁分合闸信号。

8）强油风冷（水冷）变压器风冷全停信号。

9）一次设备接地信号。

10）测控装置与监控系统通信中断信号。

11）保护装置与监控系统通信中断信号。

12）保护装置异常（故障、闭锁）信号（每套装置合发的报警）。

13）AVC系统主站异常报警信息。

14）电压越限、潮流越限、稳定控制断面、重要潮流断面及电网风险运行等信息。

（2）运维人员负责监视的信息。所辖变电站一、二次设备及辅助设施等全部信息，重点侧重监视以下信息：

1）消防系统报警信息（动作、异常、消防泵报警）。

2）故障录波动作及异常报警。

3）断路器或组合电气 SF_6 及机构报警信息（不含设备闭锁信息）。

4）直流装置各类报警信息。

5）消弧装置各类报警信息。

6）逆变电源装置各类故障报警信息。

7）各类装置故障、异常的信息（包含各类具体异常信息）。

8）开关柜风机故障报警信息。

9）主变压器通风系统故障、调压装置故障等各类故障报警信息。

10）电压无功控制装置、（VQC）报警信息。

11）装置与监控系统通信中断信号（非保护装置）。

12）未运行或待用间隔相关报警信息。

13）其他调控中心不负责监视的信息。

调控中心值班监控员实时监视电网运行情况，及时发现职责范围内各类报警信息，并通知运维人员完成报警信息的核实、处理，不遗漏信息。运维人员随时掌握所辖变电站全部设备运行状况，发现报警信息，及时检查、核实设备情况，向调控中心汇报设备状况，并按照设备管理、缺陷管理的要求做好缺陷记录。

已运行变电站接入调控中心传动过程中或基、改（扩）建工程送电过程中，相应变电站或新设备间隔由运维人员负责监视和操作。因变电站内工作原因造成如下情况时，工作班组应在工作开始前通知相关运维人员，运维人员提前上报调控中心并负责相关间隔的信号监视和控制。

1）调控中心监视范围内报警信号全部或部分无法监视。

2）调控中心主站自动化遥控功能全部或部分异常。

3）因现场工作原因造成调控中心监视范围内报警信号动作。

因工作需要将变电站无功设备停用前，运维人员应根据相应母线的电压做好预调整，防止因无功设备停用造成电压越限。

5. 电网运行控制

调控中心可以执行的遥控操作如下：

(1) 仅需远方拉、合断路器的电网运行方式调整或操作。

(2) 投、退具备远方遥控操作的重合闸软压板。

(3) 投、退自投软压板。

(4) 拉、合主变压器中性点隔离开关。

(5) 试送跳闸线路。

(6) 事故处理前期因试送 10kV 母线投、退主变压器和接地变压器断路器联跳软压板。

(7) 按照调度指令在 10kV（35kV、66kV）系统查找接地时进行线路试停。

(8) 事故处理时因隔离故障对具备远方操作条件的隔离开关、断路器小车进行的操作。

(9) 主站自动电压无功控制（AVC）系统的投、退。

(10) 手动拉、合电容（抗）器、调整变压器分接头。

(11) 上级调度要求调控中心遥控执行的其他操作。

调控中心在操作前应填写监控操作票，并严格遵循相关操作票填写、执行、留存等安全管理规定。操作应经过"五防"装置闭锁，并严格履行标准操作程序。运维人员主要负责变电站现场倒闸操作工作。运维人员、调控中心值班员在执行操作前、后应相互通知。事故或异常处理情况下远方拉合断路器、变压器中性点隔离开关等操作，在变电站内无人工作时，调控中心值班员可按照事故处理规定或调度指令的要求先行操作，操作完毕后再通知相关运维人员。

调控中心只进行任务明晰的遥控操作，当一项操作任务包含现场操作步骤时应由现场运维人员负责操作。当因检修工作或设备缺陷等原因需要停用电容器、电抗器或变压器分接开关时，运维人员在操作前应上报调控中心值班员申请退出相应间隔的 AVC，调控中心值班员操作完毕后，站内运维人员才能进行停电检修操作。调控中心值班员、运维人员执行操作过程中遇到异常情况应相互通知。

运维人员在如下情况时应主动向调控中心值班员上报变电站的运行方式、调控中心监视范围内遥信信息、遥测变化情况：

(1) 停电、送电操作后。

(2) 站内检修工作完毕消票前。设备实际位置及相关信息与调控中心核对无误后方可消票。

6. 异常及缺陷处理

调控中心监控系统出现异常报警或系统功能异常时，值班人员首先要进行初步判断。调控中心应向主站自动化维护、运维人员通报职责范围内相应异常、事故报警信息动作情况并做好记录。主站自动化运维人员进行检查，排除主站系统级通道缺陷。运维人员按照相关规定认真做好变电站设备监视工作，对各类异常、事故报警信息涉及的现场设备进行检查、核实，上报设备检查、核实结果，并及时进行处理。因设备缺陷、系统问题或其他原因造成大量干扰信号上送主站监控系统，影响调控中心值班员正常监控时，应回复有人值班，将该变电站加以屏蔽，并按照危急缺陷的标准进行处理。

运维人员在运行监视过程中发现报警信号或接到调控人员通知时，应及时对站内监控系统报警信号、设备状况或系统功能异常情况进行检查、核实和处理，填写缺陷记录，并按规程规定上报调控中心；当经现场检查核实确属变电站设备异常或缺陷时，运维人员应记录缺陷，按照相关管理要求处理；当需要主站自动化配合处理时，由站端自动化维护人员协调主站自动化维护人员配合处理；对影响调控中心正常监控的设备缺陷，运维人员应及时上报调控中心，处理完毕后及时上报调控中心值班员现场缺陷处理结果，设备是否恢复正常，站内监控系统信号动作、恢复等情况；运维人员在巡视过程中发现各类危急情况，可按相关规程规定处理，并及时上报调控中心值班员。

调控中心值班员或主站自动化维护人员发现主站自动化系统异常时应相互通知。当主站自动化系统功能异常造成所辖变电站全部或部分失去监控时，调控中心值班员应及时通知相关运维人员，运维人员应立即赶赴现场做好监控工作及现场保障措施，发现异常情况应按相关规定处理并及时上报调控中心值班员。缺陷处理完毕后主站自动化人员应将缺陷原因及处理情况反馈给调控中心值班员，并配合调控中心值班员进行验证，无误后方可消缺。需要运维人员现场监控的缺陷处理完毕后，调控中心值班员应通知站内运维人员，并确认站内、主站端信号一致，确认无误后运维人员方可离站。原则上缺陷或异常消除以处缺单位现场处理后，缺陷或异常现象恢复正常为准，且两端信号应一致。无法通过信号核对验证的缺陷，应采取有效措施对处理结果进行验证。特殊情况下无法验证时，设备维护单位应向调控中心值班员说明无法验证的原因，并提供正式的书面说明，同时报送设备职能管理部门。

缺陷及异常反复发生干扰调控中心日常监控时，设备维护单位应采取有效措施及时处理。在未采取有效措施进行处理前，即使异常现象暂时消除，也不应消除缺陷，待查明原因并采取有效措施处理后方可消缺。

7. 事故处理

事故信号发出后，当值人员应在告警窗中甄别关键信号，结合监控画面上断路器变位或闪烁情况、光字牌动作复归情况、相关遥测值变化情况综合判断分析事故性质，在5min内汇报设备管辖调度，通知运维人员。紧急情况下，监控人员应根据有关规程或调度的指令，结合电网运行整体情况，利用监控系统的遥控功能，执行拉、合断路器等单一操作，进行事故的先期快速处理。运维人员承担事故的现场处理，包括事故的善后处理。运维人员到达现场后或者事故发生时运维人员在现场的情况下，事故处理应由运维人员现场执行。

运维人员接到事故信息后应立即派人到事故现场。事故处理时，调控中心值班员应按照事故快速处理原则，对主站具备视频监视系统的变电站远方进行设备的初步检查，对主站不具备视频监视系统的变电站应通知运维人员。运维人员应立即到达现场进行设备的详细检查，并将检查结果上报调控中心值班员，调控中心值班员应在事故先期处理告一段落后将站内运行方式和事故先期处理情况告知运维人员，由运维人员在调控中心的值班人员指挥下负责事故的处理，直至事故处理完毕，设备恢复送电。特殊情况下，若故障设备的调度和监控分属不同调控中心，事故处理完毕后，运维人员应将事故处理过程、事故发生原因及造成的影响、站内方式及遥测、遥信情况分别上报各调控中心值班员，核对无误后，运维人员方可离站。

8. 越限处理

越限情况包括电压越限、电流越限、功率越限、温度越限等。

电压越限监视包括监视 500kV 母线电压、220kV 母线电压、110kV 母线电压、35kV 母线电压、站用交流母线电压、直流母线电压。对于 500kV 母线电压，应根据变电站负荷走势灵活投切电容器或电抗器，保证电压值不超过调度下达的考核值。如站内电容器或电抗器已全部使用仍不满足要求，可投入邻近变电站的电容器或电抗器，或汇报省调控制周边电厂的无功出力，如仍不满足要求则汇报网调。投切一组电容器或电抗器后，应查看母线电压变化情况，视电压变化情况考虑是否继续投切下一组，不允许一次性投切多组电容器或电抗器。对于 220kV 母线电压，发现越限告警后应向省调汇报，在保证 500kV 母线电压不越限的前提下，可投切电容器或电抗器以协助省调调压。110kV 母线以下电压等级发现越限告警后，应立即检查无功自动调整装置（AVC/VQC）动作的正确性，立即进行手动调整至合格范围内，并向地调汇报。手动调整要兼顾功率因数。

电流越限告警后应进行分析，如因线路、主变压器输送容量过大导致过负荷，应通知管辖调度调整负荷；由于电流互感器、出线线路、电缆不能满足要求时，报相关部门进行增容。

功率越限应在稳定限额告警窗中进行监视，功率越限告警发出后应及时向管辖调度汇报。对于华东调度直接下达至监控台的临时稳定限额，由监控人员负责在系统中维护临时限额数据，调度通知取消临时稳定限额后，监控人员在系统中应同步取消功率越限告警设置。

温度越限包括主变压器油温、高（低）抗油温越限。温度越限告警发出后应查看设备负荷情况，可通知现场检查，判断是否因表计问题误告警。如确定主变压器或电抗器油温越限，应按照有关规程规定进行处理，包括通知现场开启主变压器全部冷却器、拉开电容器或电抗器以减少主变压器所带负荷、汇报调度调整主变压器输送的负荷、要求现场加强巡视测温等。温度越限后应监视温度走势，如短时间内温度持续上升应怀疑是否设备内部有异常，通知现场详细检查设备，并汇报调度做好拉停设备的准备。

9. 信息接入和传动

接入调控中心监控运行的设备，应按照变电站设备监控信息采集、配置等相关文件的要求，具有完整、准确的监视信息和监控功能。信息或功能不全原则上不能接入调控中心监控运行；新设备接入调控中心自动化系统监控运行前应有相应的信息量表，因站内工程改造、设备更换、检修、处缺等原因造成信息量表发生变化时应有信息量表变更说明。信息量表变更说明应详细注明需新增改描述、删除信息的原因，改动后信息的完整描述和其他需要说明的问题。信息量表应准确、完整，经相关单位审核确认，并由站端工作单位签字盖章报送。未经审核的信息量表，不能接入调控中心自动化系统。信息量表的完整性、正确性由站端工作单位负责；审核完毕的信息量表原则上不得随意改动，如需改动应重新审核；传动过程中信息量表需要变更时，自动化管理部门应组织主站及站端自动化工作单位、运维人员、调控中心审核信息量表变更说明，确认无误后信息量表变更说明由站端工作单位报送主站自动化维护单位，并签字盖章；站端工作单位应有专人负责接入调控中心自动化系统信息量表和变电站系统图形的编制、审核、上报工作；传动时应做好传动记录，传动记录内的信息描述应符合相应信息量表的传动要求；新接入调控中心监控系统的信息和功能，由工作班组完成调试传动无问题后，应逐点、逐项进行验收传动；因站端或主站端工作对已接入调控中心自动化系统的信息和功能造成影响的，应在工作完毕后对受到影响的信息和功能重新进行传动。

　　已运行变电站或基、改（扩）建工程传动前，主站自动化维护单位应在完成主站用户化工作、与站端调试传动无误、具备验收传动条件后向调控中心提交主站用户化工作完毕确认单，并对主站监控系统用户化工作的完整性、正确性负责；已运行变电站或基、改（扩）建工程传动前，AVC 系统维护单位应在完成 AVC 系统用户化工作后向调控中心提交具备传动条件的确认单，并对 AVC 系统用户化工作的完整性、正确性负责；传动工作开始前，站端自动化、主站自动化、运维人员、调控中心分别明确工作负责人；站端、主站具备传动条件后由相应自动化工作负责人员通知调控中心；调控中心收到主站自动化系统，AVC 系统用户化工作完毕确认单，主站、站端具备传动条件，传动记录准备完毕后，传动工作方可开始；传动过程中，原则上应按照信息量表的顺序进行传动，变更传动顺序应得到主站及站端自动化、调控中心三方负责人同意；传动中发现问题，原则上应停止传动，待问题解决后，方可继续；主站自动化系统用户化工作符合相关技术规范，传动记录上所有遥测、遥信、遥调、遥控信息点传动完毕且确认无误，即认为传动工作结束。

二、监控操作

（一）监控操作步骤

1. 调控遥控操作准备

（1）监控员接受调度预令。

（2）核实设备是否可以进行遥控操作。

（3）操作人拟写遥控操作票。

（4）监护人审核遥控操作票。

（5）核对运行方式，模拟预演，明确操作系统。

（6）考虑操作过程中可能出现的问题和应采取的措施。

2. 调控遥控操作过程

（1）监控员接受调度员正式调度指令。

（2）操作前通知运维站。

（3）操作人、监护人在操作票上填写操作开始时间及姓名。

（4）进行遥控操作的操作人、监护人调出被控站的一次系统图，进入操作对象所在间隔图，核对运行方式、操作对象是否与操作任务相符。

（5）监护人根据操作步骤唱票，操作人复诵操作步骤，监护人对操作人的操作行为进行全程监护，操作人员不得擅自更改操作步骤。

（6）遥控操作后，两人共同检查执行情况。

（7）检查无误后，操作人在操作票上填写操作完成时间。

（8）监控员汇报调度员，并及时通知相关运维站。

（二）监控倒闸操作票的填写

1. 应填入遥控操作票内的项目

（1）应拉、合的设备。包括断路器、隔离开关、变压器中性点接地开关等。

（2）拉、合设备（包括断路器、隔离开关、变压器中性点接地开关）等之后检查设备的遥测、遥信数据的变化，视频图像显示的检查情况，变电运维站值班员检查断路器合闸到位情况等。

2. 不拟写操作票的情况

电网监控员进行单一断路器遥控操作时，可不拟写操作票，但正副值监控员必须确认设备正常并做好安全监护。主要单一断路器遥控操作如下：

（1）电网事故紧急拉闸限电的断路器遥控操作。

（2）事故处理过程中故障紧急隔离的断路器遥控操作。

（3）临时方式调整的 10kV 母联断路器遥控操作。

（4）允许遥控操作设备正常停送电操作过程单一断路器遥控操作（必须有调度电话或调控指令操作系统传递调度令为依据）。

（5）遥控电容器、电抗器开关的单一操作。

（6）调整变压器分接开关。

3. 遥控操作票的填写

（1）隔离开关指令。断路器间隔隔离开关操作，此类隔离开关的分合操作应满足变电站远程智能化操作防误技术要求。如操作任务为"××变电站：110kV××线 114 断路器由冷备用转接Ⅱ段母线热备用"，遥控操作票为：

××变电站：查 110kV××线 114 断路器确已断开。

××变电站：合上 110kV××线 114-2 隔离开关，查确已合上。

××变电站：合上 110kV××线 114-5 隔离开关，查确已合上。

××变电站：查 110kV××线 114-1 隔离开关确已断开。

（2）断路器指令

断路器转态遥控操作一般包含两类：由运行转热备用和由热备用转运行。在断路器转态指令执行后应加上确认项，如：

××变电站：断开 110kV 分段 101 断路器，查确已断开。

××变电站：合上 110kV 分段 101 断路器，查确已合上。

（三）远程操作防误系统的原则和应用

1. 调控一体、智能电网智能调度的防误要求

系统拓扑防误校核主要根据电气岛状态和电气设备间的拓扑关系来实现设备操作的

防误闭锁。它不依赖于人工定义设备间的闭锁关系，自动适应电气设备和电网拓扑结构的变化，在电网接线发生变化时，无需用户维护防误规则。系统拓扑防误校核包括以下功能：

（1）断路器操作的防误校核。具备合环提示、解环提示、负荷失电提示、负荷充电提示、带接地合断路器提示、变压器各侧断路器操作提示、变压器中性点接地开关提示、3/2接线断路器操作顺序提示等。

（2）隔离开关操作的防误校核。具备带接地合隔离开关提示、带电分合隔离开关提示、非等电位分合隔离开关提示、分合旁路隔离开关提示、隔离开关操作顺序提示等。

（3）接地开关操作的防误校核。具备带电合接地开关提示、带隔离开关合接地开关提示、带电压合接地开关提示。

（4）本站防误和系统防误的切换。由于其他厂站设备状态不正确导致待操作设备防误校核不通过时，调度员可以切换到本站防误方式，继续进行操作。

（5）检修标志牌校核。

2. 软防误原则

（1）闭锁部分软防误原则如下。

1）禁止带负荷拉、合隔离开关。断路器在合位时，断路器两侧的隔离开关禁止拉、合（热倒除外）。

2）热倒合原则。间隔母线侧隔离开关有一把在合闸，另一个母线侧隔离开关只有在其断路器在合位，且母联及母联两侧隔离开关在合位时，才能合闸。以上任一条件不满足，闭锁隔离开关合闸。

3）热倒分原则。间隔母线侧两隔离开关均在合闸，只有在其断路器在合位，且母联及母联两侧隔离开关在合位时，才能分闸；以上任一不满足，闭锁隔离开关分闸。

4）母联间隔操作顺序闭锁。当母联间隔连接的两段母线一段有电压，一段无压时，先合上与有压侧母线相连的隔离开关，再合上无压侧母线隔离开关。如断开母联断路器后将导致两段母线一段有压、一段无压，先断开与无压侧母线相连的隔离开关，再断开有压侧母线隔离开关。

5）其余断路器间隔送电顺序闭锁。先合母线侧隔离开关后合线路侧隔离开关，不满足则闭锁操作。

6）单母线接线的断路器间隔停电顺序闭锁。先断线路侧隔离开关后断开母线侧隔离开关。

7）禁止带电合接地开关。与接地开关相连接的所有断路器、隔离开关有任一在合位，禁止合该接地点接地开关（连接设备如有断路器、变压器、线路等设备仍视为联通）。

8）禁止带接地合隔离开关。隔离开关与所连子系统中如有接地时禁止隔离开关合闸（子系统中间如有断路器、变压器、线路等设备仍视为联通）。

9）误向检修设备送电。隔离开关与所连子系统中如有设备挂"检修"或"有人工作"

牌时禁止隔离开关合闸（子系统中间如有断路器、变压器、线路等设备仍视为联通）。

10）两侧无断路器的隔离开关（如内桥接线的主变压器高压侧隔离开关、旁路隔离开关等）如两侧带电，禁止合上该隔离开关。

11）两侧无断路器的隔离开关（如内桥接线的主变压器高压侧隔离开关、旁路隔离开关等），如操作后使隔离开关连接的主变压器、线路带电状态改变（有压与无压互换），禁止该隔离开关操作。

12）主变压器各侧停电，禁止合低压侧断路器。

13）主变压器各侧停电，各中性点接地开关非全在合位，禁止合高中压侧断路器。

14）主变压器高中压侧断路器在运行，中压侧中性点接地开关在分位，禁止断中压侧断路器。高压侧中性点接地开关在分位，禁止断高压侧断路器。

15）拉、合旁路隔离开关时，旁路断路器必须在分位。

（2）提醒部分软防误原则如下：

1）如果操作导致电网合环，进行提醒。

2）如果操作导致电网解环，进行提醒。

3）如果操作导致电网中的一个带电子系统变成了两个带电独立子系统，进行提醒。

4）如果操作导致电网中的两个独立带电子系统合成了一个带电子系统，进行提醒。

5）主变压器中压侧或低压侧断路器有一侧在运行，断开主变压器高压侧断路器提醒；主变压器高压侧断路器在断开时合上中压侧的断路器进行提醒。

6）主变压器断路器在只有一侧在运行，断开主变压器该断路器时，如该侧中性点在分位，操作本断路器前进行提示。

7）操作导致非空载设备（变压器、线路、母线等）停电时给予提醒。

8）线路电压互感器（TV）一次侧隔离开关与该线路间隔线路侧隔离开关操作顺序，即线路 TV 隔离开关及线路侧隔离开关的操作顺序：转运行时，先合上 TV 隔离开关后合上线路侧隔离开关；转冷备用时，先拉开线路侧隔离开关后拉开 TV 隔离开关。

9）操作设备已是目标状态。

3. 智能防误分析

（1）拟票过程中的防误分析。虽然拟票是在模拟状态下，但在拟票过程中的每个步骤均经过拟票电网数据断面的进行防误校验，以保证操作票各步骤的正确。

（2）审核中的防误分析。传统的审核过程是通过审核人员阅读操作票内容，检查操作票中的错误。系统在审核过程中，也可通过在拟票数据断面的基础之上自动模拟校验，形成各种提醒信息，帮助审核人员进行准确的审核。

（3）进入"执行"前的自动防误分析。当操作票进入执行状态时，系统会自动进行模拟校验一次，检查操作票中各操作步骤在当前电网状态是否会引起误操作或造成不期望的影响。当有问题时，可打回修改。

（4）执行过程中防误分析。在执行过程中，每执行一步均会用当前全网实时数据进行防误分析一次，其最主要的目的是防止执行过程中，由于电网发生的变化而造成操作步骤由非误操作转化为误操作或造成不期望的影响。

第二节 电网调度运行管理

一、电网调度基础知识

(一)电网调度概念

电网调度是指电网调度机构为保障电网的安全、优质、经济运行,对电网运行进行的组织、指挥、指导和协调。电网调度应当符合社会主义市场经济的要求和电网运行的客观规律。

我国电网调度体制现分为 5 级,即国家电网设"国调",跨省电网设"网调",各省、自治区、直辖市设"省(市)调",各地区级供电企业设"地调",各县供电公司设"县调"。为保证电网安全、保护用户利益、适应经济建设和人民生活用电的需要,电网调度运行实行统一调度、分级管理的原则。

(二)调度系统组成及原则

调度系统包括各级调度机构和电网内发电厂、变电站的运行值班单位。

调度系统在业务联系上遵循的原则为:调度机构调度管辖范围内的发电厂、变电站的运行值班单位,必须服从该级调度机构的调度,下级调度机构必须服从上级调度机构的调度。

(三)电网调度的性质

电网调度的性质主要包含以下 3 个方面:

(1)指挥性质。即指挥电网内发电厂和变电站(所)开停机、停送电及倒闸操作和事故处理、调整有功功率和无功功率。

(2)生产性质。即负责电网的安全稳定和经济运行,制订电网正常和特殊运行接线方式,规定送电线路的稳定极限并负责控制,编定继电保护和自动装置整定值,负责电网通信和调度自动化的建设及运行维护工作。这些工作是电力生产的一个组成部分,是由电网调度直接负责的带有综合性、技术性的生产工作。

(3)职能性质。调度机构既是生产单位,又是网、省、地(市)电网供电公司的一个职能部门,负责电网运行方面的技术管理工作,掌握电网内发供电单位生产运行情况,制定电网运行操作的调度管理规程,开展调度、继电保护、通信、自动化方面的技术指导及专业培训,制订和贯彻有关电网运行的安全经济措施。

实际上电网调度工作的三种性质融合在每一项工作中,如电网调度工作中的指挥操作和事故处理也属于电网生产运行工作。当然随着电网自动化水平的提高,在调度端实现了远方操作断路器和自动发电控制,这样调度不仅能指挥生产还能直接控制生产,因此电网发展的结果使其生产性质更加得到加强。

(四)电网调度管理的任务

电网调度管理的任务是依法领导电网的运行、操作以及事故处理,实现下列基本要求:

(1)以设备最大出力为限充分发挥本网内发、供电设备能力,有计划地满足电网负荷的需要,即在现有装机容量下合理安排检修和备用,合理下达水、火电计划曲线,以最大能力满足用电负荷的需要。

（2）使电网连续、稳定运行，保证供电可靠性。

（3）由调度统一指挥来实现全电网所有发、供、用电单位的协同运行，使电网的电能质量（频率、电压、波形）符合国家规定的标准，保证电能质量。

（4）根据电网实际情况，依法利用技术手段，经济合理地利用燃料和水力等其他能源，使电网在最经济方式下运行，以达到低耗多供，使供电成本最低。

（5）依照法律、法规、合同、协议正确合理调度，做到公平、公正、公开，依法维护电网企业、发电企业、供电企业、用电企业等各方合法权益。

（五）电网调度机构的职权

电网调度机构的职权具体内容如下：

（1）指令权。指令权是指电网调度机构要求相对人为特定行为或不特定行为的一种权力，是电网调度机构单方面的行为，不需要取得相对人的同意，相对人负有必须执行和遵守指令的义务，如违反或不执行指令，就有可能受到相应的制裁和强制执行命令，调度指令具有法律性和行政强制性。

（2）调度计划的制订权。指落实国家发、供电计划的实施权，是将具有法律约束的国家发、供、用电计划具体落实到月、日级别的调度计划。国家将具体调度计划的权力赋予了电网调度机构。

（3）紧急情况的处理权。为保证电网安全，保障社会公共利益，在发生危及人身及设备安全和电网安全的事故时，调度机构值班人员可以按照有关规定进行处理，紧急情况的处理权是电网调度机构所具有的一种特殊权力。

（4）电力调度计划的变更权。它是指在电网调度机构在电网出现特殊情况时，变更日调度计划的权力，这种权力因受到限制而只能在特殊情况下的一定范围内实施。

（5）许可权。即有的设备虽非上一级调度管辖，但运行规程中可以明确规定，在操作这一部分设备时，需经上级值班调度人员许可，即由电网调度机构实施许可权。

（6）协调权。协调权是指电网调度管理过程中，协调各地区、各部门、各企业之间因电力而引起的经济关系的权力，这种协调主要体现在调度计划的安排过程中。

（7）监督权。监督权是指上级调度机构监督下级调度机构的调度管理工作，调度机构监督用电地区和用电单位的用电情况等的权力。

（8）实施处罚权。对于不服从电网调度，在电网电力紧张时期的超计划分电、用电的行为须予以惩戒，如实施限电、强制扣还电力电量、暂时停止供电等处罚办法的权力。

电网调度机构具有这些职权的目的是保障电网安全、优质、经济运行和电网内各单位的合法权益，其权力的行使不能损害他人的合法权利，滥用职权是一种行政侵害行为，因此也是一种违法行为。

（六）电网的"统一调度、分级管理"原则

1．"统一调度、分级管理"概念

（1）"统一调度"，就是在调度业务上，下级调度必须服从上级调度，其传统的业务内涵可概括为一个原则、八个统一。一个原则指在本电网的最高一级调度机构统一组织指挥下编制和施行全网的运行方式。八个统一指：

1）统一安排每日发电、用电计划。

2）由电网调度机构统一组织全网运行方式的编制和执行，包括统一平衡和实施全网发电、供电调度计划，统一平衡和安排全网发电、供电设备的检修进度。

3）统一安排全网的主接线方式，统一布置和落实全网安全稳定措施。

4）统一指挥全网的运行操作和事故处理。

5）统一布置和指挥全网的调峰、调频和调压。

6）统一协调和规定全网继电保护、安全自动装置、调度自动化系统和调度通信系统的运行。

7）统一协调水电厂水库的合理运用。

8）按照规章制度统一协调有关电网运行的各种关系。

（2）"分级管理"，就是根据电网分层的特点，为明确各级调度机构的责任和权限，有效地实施统一调度，由各级电网调度机构在其调度管辖范围内具体实施电网调度管理的分工。具体来说就是在中心调度机构统一指导下，按照调度规程规定的调度范围，分工负责具体落实统一调度的各项要求，由各级电网调度机构在其调度管辖范围内自主地处理职责范围内的调度事宜。

2. 实行"统一调度、分级管理"的目的

《中华人民共和国电力法》第21条规定"电网运行实行统一调度、分级管理。任何单位和个人不得非法干预电网调度"，是因为电网是一个有机的整体，而电网内交流电能的生产、输送与使用总量随时都在变化，但在任何瞬间又都必须保持平衡，这样才能确保电能质量指标符合国家规定的标准，现代电网作为一个庞大的产、供、销电能的整体是电力发展的必然结果，电网越大网络性、规模性体现得越充分。根据电力生产发、供、用同时完成，瞬时平衡的规律及电网对电力产品和用户实行零库存销售的特点，需要对电网这个技术复杂的系统进行严格的科学管理，发、供电系统的任一设备发生故障，任何一个局部出现问题都可能会波及全网，尤其是对电网的突发事故，应能正确、迅速地处理，并要尽快恢复供电，此时只有在统一指挥下，才能正确迅速消除故障，保持电网正常运行。因此电网安全稳定运行的前提就是电网中的每一环节都必须在调度机构的统一领导下，随用电负荷的变化而协调运行。就目前现代电网情况和国内各类机组类型来看，如果没有统一的组织、指挥和协调管理，电网就难以维持正常运行。因此现代电网必须实行统一调度，分级管理。

统一调度、分级管理的目的就是有效地保证电网安全、优质、经济运行，保护用户利益，适应经济建设和人民生活的用电需要，最终维持全社会的公共利益。

二、电网事故处理

（一）电网事故处理原则

电网事故处理的原则主要有以下14条：

（1）调度值班调度员是本电网事故处理的指挥者，并应做到：

1）尽快限制事故的发展，消除事故的根源并解除对人身、设备和电网安全的威胁；

防止电网的稳定破坏和瓦解。

2）尽一切可能保持正常设备的继续运行和对重要用户及发电厂厂用电、枢纽变电站的正常供电。

3）尽速对已停电的用户恢复供电，优先恢复重要用户供电。迅速恢复解列电网、发电厂的并列运行。

4）尽速恢复电网的正常运行方式。

注1 在处理事故时，调度机构值班调度员是其调度管辖范围内电网事故处理的指挥者，对事故处理的正确性和迅速性负责。调度系统运行值班人员应服从调度机构值班调度员的指挥，迅速正确地执行调度指令。凡涉及调度机构调度管辖范围设备的操作，均应得到相应调度机构值班调度员的指令或许可。具体要求如下：①发生事故跳闸的单位，运行值班人员须在跳闸后立即向调度机构值班调度员汇报事故发生的时间、跳闸设备和天气情况等事故概况，跳闸后应尽速将一次设备检查情况、继电保护及安全自动装置动作情况等内容汇报值班调度员；②设备出现异常情况时，有关单位运行值班人员应及时、简明扼要地向调度机构值班调度员报告异常发生的时间、现象、设备情况及频率、电压、潮流的变化等；③发生事故时，相关厂、站运行值班人员应坚守岗位，加强与值班调度员的联系，随时听候调度指挥，进行处理；其他厂、站应加强监视，避免在事故当时向值班调度员询问事故情况，以免影响事故处理；④事故处理期间，调度系统运行值班人员必须严格执行发令、复诵、汇报、录音及记录规定，使用规范的调度用语，指令与汇报内容应简明扼要；⑤为迅速处理事故和防止事故扩大，必要时，上级调度机构值班调度员可越级发布调度指令，但事后应尽快通知有关下级调度机构值班调度员；⑥事故处理期间，调度系统运行值班人员有权拒绝回答与处理事故无关的询问；⑦上级调度机构委托下级调度机构调度管理的设备发生事故或异常，一般由受委托调度机构值班调度员负责处理，但发生与委托设备相关的复杂事故（如母线跳闸，全站失压等），由委托方值班调度员视情况决定是否终止委托关系。

注2 在电网运行中，最常见同时也是最危险的故障是各种形式的短路，其中单相接地短路最多，三相短路较少；对于旋转电机和变压器还可能发生绕组的匝间短路；此外输电线路有时可能发生断线故障及在超高压电网中出现非全相运行；电网在同一时刻有时发生几种故障同时出现的复杂故障。发生故障可能引起的后果有：①电网中部分地区的电压大幅度降低，使广大用户的正常工作遭到破坏，如电气设备的工作电压一旦降低到额定电压 40%，持续时间大于 1h，电动机就可能停止转动；②短路点通过很大的短路电流，从而引起电弧使故障设备烧毁；③电网中故障设备和某些无故障设备，在通过很大短路电流时产生很大的电动力和高温，使这些设备遭到破坏或损伤，从而缩短使用寿命；④破坏电力系统内各发电厂之间机组并列运行的稳定性，使机组间产生振荡，严重时甚至可能使整个电力系统瓦解；⑤短路时对附近的通信线路或铁路自动闭塞信号产生严重的干扰。

（2）电网发生事故时，有关单位值班人员必须立即、准确向调度值班调度员汇报保护和断路器的动作情况，查明情况后再详细汇报事故情况，主要内容包括：

1）断路器动作情况及时间。

2）继电保护和自动装置动作情况及保护装置测距。

3）电压、负荷、频率的变化情况。

4）故障点及设备检查情况。

5）故障录波装置启动、测距情况。

6）天气、现场作业及其他情况。

7）属省调、网调调度范围内设备发生事故时，变电站值班人员除报告省调、网调值班调度员外，同时报告本级值班调度员。

注1 值班调度员能够根据事故发生地点、时间、经过、损失、对重要用户的影响、事件原因、保护动作等情况，做出对事故快速、正确判断的标准有：①汇报事故的及时性与正确性；②故障点的快速确定与隔离；③执行调度指令的正确与快速。

注2 发生下列事故情况时，下级值班人员应立即向地调值班调度员汇报：①地调管辖或许可设备故障、损坏及异常；②地调管辖或许可设备的继电保护及安全自动装置异常或动作；③电网大面积停电事故；④由于电网事故造成重要用户（如党政机关、煤矿、矿山、铁路、市政设施、化工厂等）限电、停电，影响正常生产和安全；⑤天气突然变化或自然灾害（如火灾、水灾、风灾、地震、污闪、冰闪等）对电力生产构成威胁；⑥人员误调度、误操作事故；⑦人员伤亡事故；⑧外部环境或涉外其他原因，对发电厂、变电站、输电设施的安全构成威胁。

注3 发生下列事故情况时，地调值班员应立即向省调值班调度员汇报：①110kV及以上变电站全站事故停电；②自然灾害（如火灾、水灾、风灾、地震、污闪、冰闪等）对电力生产构成威胁；③大面积停电或重要用户停电；④重大伤亡事故（输、变、配电设备区域内发生的）；⑤人员责任事故（误调度、误操作或违反调度纪律等）；⑥重要设备严重损坏。

（3）下级值班人员在处理其管辖范围内的事故时，凡涉及对上一级电网运行有影响的操作，应经调度值班调度员许可。各级市（县）调度管辖设备如系局部性事故无需等待地调命令，一面自行事故处理、一面将事故情况简要报告上级值班调度员，待事故处理完毕后再详细报告。

注 因任何事故都是连锁的，影响到各个方面，因此在处理各自范围内的事故时，以不影响上级的设备为准，以免影响上级的事故处理。

（4）事故处理时，值班调度人员可不填写操作票即行正式操作。

注 因任何事故都是突发性的，需要立即处理，以免事故扩大，可以不填写操作票，但应做好详细的记录。调度员间要协调配合，以便共同正确处理事故。

（5）在事故处理过程中，有关各级厂（站）、县（市）调值班调度员不得无故离开值班岗位，保持与上级值班调度员的联系。非事故单位不得在事故处理过程中向值班调度员询问事故情况，不得占用事故单位电话，以免影响事故处理。

注 保证值班调度员在处理事故时，不受其他因素的干扰，必要时，请求相关方式、保护等专业人员现场协助，但以不影响事故处理为原则。

（6）如在交接班过程中发生事故，而且交接班的签字手续尚未完成，则应由交班调度员负责处理事故；接班调度员根据交班调度员的要求协助处理，事故处理告一段落后方可进行交接班。

注 保证事故处理的连续性、衔接性，交、接班人员都对事故过程、电网方式有了解与判断。

（7）处理事故时，必须严格执行监护、复诵、汇报、录音及记录等制度，必须使用统一调度术语，汇报内容要准确、扼要。发、接令和汇报由值班调度员、电厂值班长（或电气班长）、变电站值长（或主值）亲自承担。

注 事故处理时虽然可以不填写操作票，但必须严格执行操作指令规范性、严肃性。现场接令人员必须是经验丰富的人员。

（8）事故处理过程中，值班调度员有权越级发布调度指令，但事后应尽快通知有关单位值班调度员。

注 越级对下级调度管辖设备的操作，是为保证事故处理的快速性，保证本级电网的稳定性、安全性所采取的紧急措施。通知下级调度值班员，以防止其倒方式将故障倒至其他供电小区，或使其他小区主变压器、线路等过负荷，使电压降低，或造成事故中重复限电等情况发生。电网运行方式正常后，通知其自行恢复其方式，以减小事故处理调度员的其他方面的干扰。

（9）设备出现异常状态和危急缺陷，此设备是否带电或停电处理，值班调度员应以现场值班员的报告和要求为依据并按规定进行处理。

注 事故处理时，设备的实际状态以现场值班员实际提供的内容为依据，而不能单以 SCADA 系统提供的数据为依据，只能作为参考，防止因数据传输错误，造成误判断、误处理。

（10）在处理事故时，除有关领导和专业人员外，其他人员迅速离开调度室，必要时值班调度员可邀请有关专业人员到调度室协助事故处理，凡在调度室内人员要保持肃静。

注 事故处理时，调度室外来人员应按规定保持安静，并应调度员邀请协助处理，但不应干扰调度员的处理。

（11）发生事故后，值班调度员将事故情况，尽快向主管领导、生产部汇报，发生重大事故时应直接向公司领导汇报。同时通知有关单位组织事故抢修。

注 事故处理后，值班调度员应将事故设备、方式变化、影响的用户等内容向领导做简要的汇报，并请示是否再做其他方式的处理。另外通知、督促事故设备的维护单位处理设备、运行管理单位做好各种安全措施，运行设备特别巡视、维护等。

（12）现场值班员无须等待调度员命令而先进行下列紧急操作，但操作完毕后应尽快报告值班调度员：

1）将直接对人身安全有威胁的设备停电。

2）对运行中的设备安全有威胁的处理。

3）将故障点及已损伤的设备进行隔离。

4）因失去电压停用有关保护及自动装置。

5）低频低压减载、低频低压解列、自动切机等装置应动作未动时手动代替。

6）发电厂厂用电全停或部分停电，恢复其电源。

7）现场规程中有规定的其他紧急操作。

注 事故时，现场值班员是设备最直接的掌握者，因此赋予现场值班员快速处理设备影响其他设备运行安全时的事故权利，但应在现场规程中明确规定，以利于现场值班员依规处理。

（13）断路器允许切除故障电流的次数在现场规程中规定，断路器跳闸后能否送电，由现场值班人员（监控班人员）向值班调度员汇报并提出要求。

注 断路器允许事故跳闸的次数因油、真空、六氟化硫介质的不同，有不同的规定。

（14）事故处理时，应严防设备过载、带地线合闸、带负荷拉、合隔离开关、非同期并列、电网稳定破坏等恶性事故的发生。

注 事故处理时，应特别注意防止误操作致使事故因人为原因造成扩大。

（二）电网事故处理示例

1. 母线故障或电压消失处理

发电厂、变电站母线是电网中的重要电气元件，一般引起母线故障的原因主要有：

①空气污秽，导致母线绝缘子、断路器套管以及装设在母线上设备的支持绝缘子和套管闪络；②支持绝缘子和套管损坏；③运行人员误操作；④母线附属设备故障，造成母线停电；⑤下级设备故障，造成越级跳闸使母线失压等。

母线故障的可能性虽然很小，但其在电网运行中十分重要。在母线故障时，尤其是枢纽变电站的母线发生故障，不但会使连接在故障母线上的所有元件停电，严重时甚至会破坏整个电网的稳定，使事故扩大，后果十分严重。

母线故障或电压消失处理的原则有以下 3 条：

（1）当母线故障或电压消失后，现场值班人员应立即汇报值班调度员，同时将故障母线或失压母线的断路器全部拉开。

【例 1-1】　如图 1-1 所示 220kV A 站 110kV 母线为电源点，当 B 站 110kV 母线电压消失时，可能的原因有：

1）220kV A 站 110kV 母线失压。B 站 4、5、6、7、8、9、10、11 号断路器合位，全站失压。

B 站处理方法：拉开 4 或 5、6、7、8 号断路器，以 1 或 2 号母线作为电源点，等待来电。汇报调度值班员操作断路器位置。另外 B 站可以考虑主变压器中性点、10kV 9、10、11 号断路器位置，考虑站用电等情况。

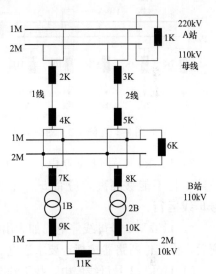

图 1-1　[例 1-1] 图

A 站处理方法：以调度令为准。

2）110kV 线路 1、2 号母线相继跳闸，造成 B 站 110kV 母线失压。B 站 4 或 5 号断路器断位、6、7、8、9、10、11 号断路器合位，全站失压。

B 站处理方法：拉开 6、7、8 号断路器，以 1 或 2 号母线作为电源点，等待来电。汇报调度值班员操作断路器位置。另外 B 站可以考虑主变压器中性点、10kV 9、10、11 号断路器位置，考虑站用电等情况。

A 站处理方法：以调度令为准。

如果 A 站 220kV 母线电压消失，处理原则与 B 站相同。

（2）母线故障或电压消失后，现场值班人员应立即对停电母线及相关设备进行外部检查，并把检查情况报告值班调度员，值班调度员按下述原则进行处理：

1）若确认系保护误动作，应尽快恢复母线运行。

2）找到故障点并能迅速隔离的，在隔离故障点后对停电母线恢复送电。

3）双母线中的一条母线故障，且短时不能恢复时，在确认故障母线上的元件无故障后，将其冷倒至运行母线上并恢复送电。

4）找不到明显故障点的，有条件应对故障母线零起升压；否则可对停电母线试送电一次。对停电母线进行试送应优先考虑用外部电源；试送断路器必须完好，并具备完备的继电保护。

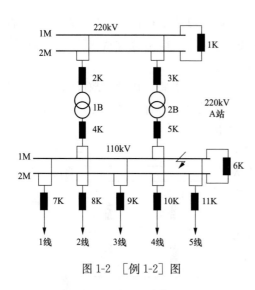

图 1-2　[例 1-2] 图

5）对端有电源的线路送电时要防止非同期合闸。

【例 1-2】　如图 1-2 所示，所有断路器运行，单号断路器运行于单号母线，双号断路器运行于双号母线。

1）110kV 1 号母线停电，5、6、7、9、11 号断路器跳闸，如确认保护误动，用 6 号断路器充电保护对 1 号母线充电，后恢复正常。

2）110kV 1 号母线停电，5、6、7、9、11 号断路器跳闸，如确认故障点，且能够隔离，隔离故障后，用 6 号断路器充电保护对 1 号母线充电，后恢复正常。

3）110kV 1 号母线停电，5、6、7、9、11 号断路器跳闸，如确认为母线设备故障，且不能够隔离，应将 5、6、7、9、11 号断路器设备检查无故障时，冷倒至 2 号母线运行。

4）110kV 1 号母线停电，如为出线 7 号断路器拒动，7 号断路器在合位，应将其隔离后，将其他断路器按规定要求送电。

5）110kV 1 号母线停电，找不到明显故障点的，有条件应对故障母线零起升压（地调一般无此条件）；否则可对停电母线试送电一次。对停电母线进行试送应优先考虑用外部电源，试送电源侧要求短路容量尽可能小；试送断路器必须完好，并具备完备的继电保护。

6）110kV 1 号母线停电，送电时对有电源点的线路，要采用同期并网，防止非同期合闸恶性事故。

第三条　母线电压消失造成全厂（站）停电，在确定不是本站母线故障后，按下列方法处理：

（1）无备用电源的变电站，单母线或单母线分段母线方式应保留一个电源开关，其他所有断路器全部拉开，等待来电。

（2）有备用电源的变电站（无自投装置的或自投装置未动作），立即拉开无电侧电源开关，用备用电源供出部分或全部负荷。

（3）双母线接线方式，首先拉开母联断路器，然后在每一条母线上保留一个电源开关，其他所有断路器全部拉开，等待来电。

（4）对于调度管辖的水、火电厂母线电压消失后，立即拉开保护未正确动作的开关，及时与调度值班员联系，将事故情况做详细汇报，并按现场规定进行厂内事故处理，需从系统上取得厂用电源时，按调度值班员的命令将系统电源强送至备用厂用变压器的高压侧母线。

（5）因低频减载或系统自动装置动作造成电源中断时，调度值班员通知有关各级厂（站）和市（县）调度，现场值班员原则上不自行倒路。

【例 1-3】 如图 1-3 所示，无备用电源单母线分段母线方式的变电站母线电压消失：应保留源 K 电源断路器，将 1、2、3 号及出线 K 断路器，等待电源侧来电，对 110kV 1M 充电。此时主变压器中性点，主变压器低压侧断路器，10kV 出线断路器按现场规程处理。

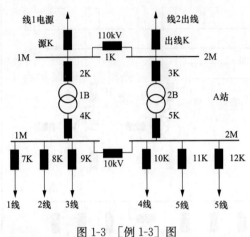

图 1-3 ［例 1-3］图

【例 1-4】 有备用电源的变电站母线电压消失（如图 1-4 所示）：

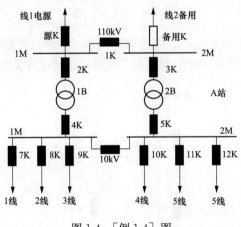

图 1-4 ［例 1-4］图

（1）无自投装置（或自投装置未动作），立即拉开无电侧源 K 电源断路器，合上备用 K 断路器，用备用电源供出部分或全部负荷。自投装置未动，要做检查。

（2）有自投装置，且正确动作时，将自投装置解除，线路带电后，再恢复正常。

【例 1-5】 如图 1-5 所示，双母线接线方式，运行方式为实心为运行断路器，单号断路器运行于单号母线，双号断路器运行于双号母线，当 A 站 110kV 母线失压时的处理如下：

（1）首先拉开母联 101 断路器，143、144、145、146 断路器，然后在 110kV 1 号母线上保留一个电源开关 141，在 110kV 1 号母线上保留一个电源开关 142，其他所有断路器全部拉开，等待来电。

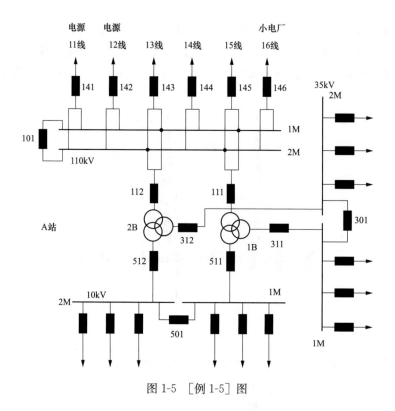

图 1-5 ［例 1-5］图

（2）如果 146 线路带有小电厂，要考虑解列点、并网点断路器。

【例 1-6】 如图 1-6 所示，对于有的水、火电厂母线电压消失的处理如下：

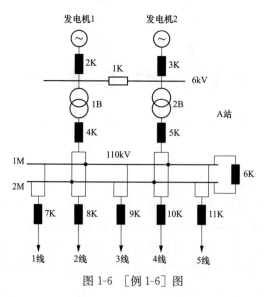

图 1-6 ［例 1-6］图

（1）如果 7 号断路器拒动，造成 5、6、9、11 号断路器掉闸，立即拉开保护未正确动作 7 号断路器，及时事故情况详细汇报调度值班员，等待调度指令处理。

（2）如果是发电机出口 6kV 母线故障，需从系统上取得厂用电源时，按调度值班员的命令将系统电源强送至备用厂用变电站的高压侧母线（此为调度协议规定的事故供电方式）。

2. 线路断路器故障跳闸处理

（1）线路故障跳闸后，调度值班调度员可进行强送电一次，在强送电前需注意：

1）正确选择强送端。

① 尽量避免用发电厂或重要变电站侧断路器强送。

② 强送侧远离故障点。

③ 强送侧短路容量较小。

④ 断路器切断故障电流的次数少或遮断容量大。

⑤ 有利于电网稳定。

⑥ 有利于事故处理和恢复正常方式。

2）运行值班员确认断路器无异常后方可强送，强送断路器必须有完备的继电保护。

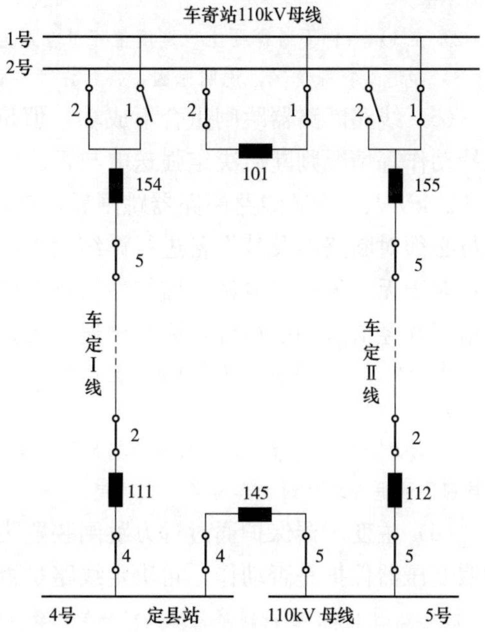

【例 1-7】　如图 1-7 所示，当车定Ⅰ线跳闸时，车寄站 154 号断路器、定县站 111 号断路器掉闸重合不成功。

首先，调度员要考虑天气与保护、故障录波器录波内容等情况，进行如下判断：

图 1-7　[例 1-7]图

① 短时雷雨、大风时，过后进行强送。

② 如果录波器内容为单相故障，发展为两相或三相短路或接地，可能是永久性故障，此时不能强送。

③ 强送时要用定县站 111 号断路器，有利于系统稳定，111 号断路器切断的短路容量较小。

④ 调度员在确认线路已无故障，且断路器无异常即可强送。

（2）有带电作业或带电线路防护区之内其他作业的线路故障跳闸时，调度值班调度员在未了解现场具体情况前，不得对线路强送电。

注　因带电或近电作业，有可能引起单相接地或相间短路，造成线路跳闸时，不得强送。

（3）下列情况运行值班员可不待调度指令自行处理，同时汇报调度值班调度员：

1）单电源线路故障跳闸后，重合闸未动作时，运行值班人员应立即自行强送一次。

2）当线路断路器跳闸且线路有电压时，运行值班人员应立即检同期（具有检同期装置）合上该断路器。

注　此为自动装置未正确动作，人为对其进行的纠正。

（4）35kV、10kV 线路故障跳闸后，各市（县）调度值班员第一次下令强送不成功，不得再次强送。需待线路、断路器、保护检查无问题后才能试送。如需要再次强送时，各市（县）调度值班员必须征得上级值班调度员同意。

当带有高危用户、重大政治保电任务、抢险救灾等线路断路器跳闸后，如重合闸重合不成功或第一次强送不成功，市（县）调度值班员可不经上级值班调度员同意，再次对跳闸线路进行强送电一次，无论强送成功与否应立即报告上级值班调度员。

注 1）如果线路故障已对上级电网造成不利影响或上级电网方式已经非常薄弱，不能承受较大的系统冲击。

2）在1）条件下若需要上级调度值班员在对电网方式进行方式调整，电网条件不允许强送。

3）如遇到特殊情况，说明原因，得到许可再强送，过后必须上报。

（5）线路断路器跳闸重合不成功，值班调度员根据当时天气情况、系统有无冲击、保护动作等情况判断后决定强送电与否。

35kV及10kV线路断路器跳闸后，自动重合不成功时：对于有人值班变电站，值班人员必须对断路器及其设备进行详细检查，确定无异常情况并经调度许可后，可试送一次；对于无人值班变电站，监控站值班人员可根据当时遥测、遥信情况，判明无其他异常情况并经值班调度员许可后可试送一次。

注 1）线路故障多为瞬时性的，因此在掌握各种综合信息后，对线路强送，是保证用户供电的重要手段。

2）线路故障后的强送，不能是盲目的，要有一定的依据。不管是有人值守还是综合自动化站，调度员都要依据现场反馈的各种条件来决定。

（6）主变压器保护通过远方跳闸装置跳供电线路送电端断路器时，当线路跳闸后应判明变压器保护是否动作，再决定线路是否试送。

注 如图1-8所示，线路变压器组的变压器保护有远跳功能时：①1B保护动作，511、151号断路器跳闸；②1B511号断路器的后备保护，151号断路器跳闸。

因此要确认主变压器保护未动作，才能试送电。

（7）线路故障跳闸后无论送电成功与否，均应通知有关单位带电查线。有关单位人员应将查线结果及时汇报给调度值班员。

注 辐射线路及联络线路示意图如图1-9所示，无论是辐射线路还是联络线路，接受查线令的负责人均应将杆号、相别、绝缘子、导线等具体情况报调度员。调度员下达查线令时，还应将带电与否、断路器位置、保护相别、类型、测距等信息告知，同时告知是否发现故障点后即行处理。

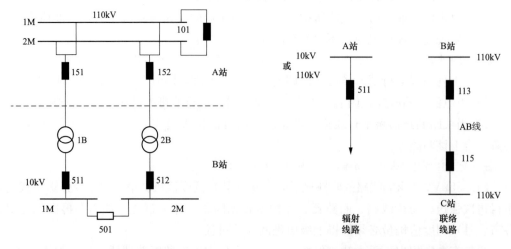

图1-8　线路变压器组　　　　　图1-9　辐射线路及联络线路示意图

（8）线路断路器跳闸后，如属下列情况之一者，不宜强送：

1）空载充电备用线路。

2）试运行线路。

3）电力电缆线路。

4）线路断路器跳闸，自投装置动作将负荷转移不影响供电的线路。

5）带电作业线路。

6）值班人员掌握有严重缺陷或明显故障的线路。

7）线路变压器组跳闸，应对设备检查后，决定是否强送。

8）断路器遮断容量、系统稳定不满足要求的线路。

注　应视线路具体的负荷性质，线路的架空或电缆情况，损失负荷情况，线路带电、近电等作业情况，断路器的状态、开断容量情况，是否为线路变压器组情况，来决定是否能强送。

（9）各厂（站）应明确规定各类断路器允许切断短路电流的次数，并列入现场规程中。当断路器累计跳闸次数距规定次数尚差一次时，现场值班人员向值班调度员声明退出重合闸。若断路器再次跳闸，值班调度员根据断路器检查情况，再决定试送与否。

注　厂（站）现场运行规程中，应规定断路器遮断故障电流的次数，并应依次记录、相加。断路器检修后，应重新累计。

（10）因低周减载装置动作使断路器跳闸者，现场值班人员一律不得强送，并及时将断路器跳闸，切除负荷数量一并向调度值班员汇报。调度值班员汇总低频减载装置跳频情况后，报省调值班调度员。待系统周波恢复正常，经省调值班调度员同意，由值班调度员下令方可恢复送电。

注　经减载装置动作跳闸，不论正确动作与否，都要统计报值班调度员，经确认误动时，接调度令强送。并报维护单位检查。确为正确动作，按上述程序上报。

（11）线路检修后恢复送电时该线路断路器跳闸应立即要求检修单位进行检查，在未查明原因前不得强送。

注　可能线路有未拆除的接地线、个人保安线，线路改造后相序错误，或调度在未拆除线路对侧的地线、接地开关等。要对线路检修单位、线路两侧变电站核实情况，查明原因。

（12）两侧电源的断路器跳闸后，确定两端同期后方可并列。

注　在对一侧断路器送电成功后，应充分考虑同期条件方可对另一侧断路器送电，避免非同期并列。

（13）双电源线路跳闸、双回线路其中一回线路故障跳闸后，无论有无重合闸且其动作与否，现场值班人员都不能自行强送，必须报值班调度员，值班调度员根据线路接线及负荷情况在判明线路无电压后，选择适当一端试送一次。

注　并列运行的双回线中一回线跳闸，可能会造成另一回线过载，值班调度员可充分考虑实际条件后对故障线路强送，以消除运行线路的过载。

（14）带有地方电厂的输、配电线路跳闸，无论何种原因都应首先与有关电厂联系，询问情况，以便确定是否试送线路，防止非同期并列。

注　还要考虑电厂的厂用电。

（15）市（县）调或用户范围内线路故障，越级到上级调度管辖范围线路断路器跳闸时，应服从上级值班调度员的事故处理命令，市（县）调、用户值班员不得擅自进行操作。

注 防止将故障线路转移至其他电源厂站。

（16）35kV 及以下小电流接地系统，允许在单相接地情况下运行，带接地运行一般不超过 2h，同时要监视消弧线圈上层油温不得超过 85℃，对人身和设备安全有直接威胁者，立即停电。

注 除消弧线圈可能因电压升高、电流增大造成损耗升高外，接地母线的 TV 也磁通饱和，损耗加大，温度可能升高，TV 烧毁。

（17）当网络出现线路接地故障时，值班调度员应按下列原则试找接地：

1）两台变压器及以上的变电站，可以先拉开母线分段断路器，判别接地故障母线。

2）先试停充电备用线路。

3）双回线路分别停。

4）试停线路长、分支多、质量差的线路。

5）试停次重要程度线路。

6）带有重要用户的线路最后试停。

7）剩最后一条线路亦应试停。

注 接地变电站接线图如图 1-10 所示，首先拉开 545 号断路器判明接地母线，再按上述原则进行查找。

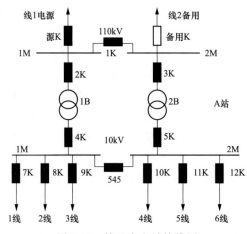

图 1-10　接地变电站接线图

（18）查找系统接地时，应考虑一相同时两点接地的可能。

注 如图 1-10 所示，当拉开 545 号断路器，已判明接地母线为 10kV 1 号母线时，分别拉开 7、8、9 号断路器接地未消除，可能为两线路同相两点接地。此时应拉开 7、8、9 号断路器，分别试送，找出接地线路。

（19）经消弧线圈接地系统（如图 1-11 所示），如果消弧线圈动作，相电压表指示异常，但又不是指示的接地电压，经判明是事故谐振引起的，值班调度员可改变网络参数，适当增加或减少线路予以消除。

注 此处理是为了破坏谐振时的电容、电感参数，以避开谐振点。

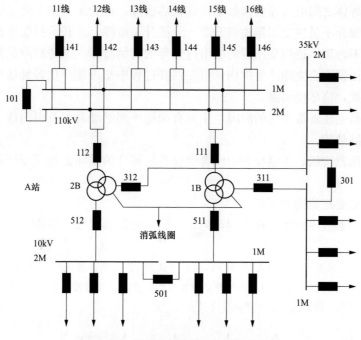

图 1-11　经消弧线圈接地系统示意图

（20）如系统接地时线路跳闸，跳闸后系统仍有接地，且接地相别发生变化，不应再试送。

注　如图 1-10 所示，当 10kV 1 号母线接地时 7 号断路器跳闸，母线仍然有接地，原因可能是：1 线有相间短路跳闸；1 线有接地，2 线或 3 线有不同相接地。

因此 1 线跳闸后，不应试送，要继续试拉 8、9 号断路器查找接地线路。

（21）电容器组断路器跳闸后的处理如下：

1）电容器组断路器因过电流保护动作跳闸，现场值班人员（操作队）对保护范围内设备进行检查，检查无异常 5min 后可试送一次。

2）电容器组因零序或差动保护动作跳闸后不得试送，待查明原因并处理后方可送电。

3）当全站停电后，变电站值班员应确认电容器组断路器全部断开（因故未断开的断路器由运行人员自行拉开）；待全站恢复送电且母线电压正常后，根据无功、电压情况决定停、投电容器组。

注　1）电容器组跳闸后，因其具有残压，试送时防止因残余电荷，造成其过电压。

2）零序或差动保护动作跳闸，可能是个别电容器击穿、熔丝熔断等情况造成，因此须检查后再送。

3. 变压器事故处理

变压器故障分为内部故障和外部故障。

内部故障是指变压器油箱里面发生的故障，大致可分为以下两类：

（1）在变压器各绕组上发生的相间短路、单相接地短路、匝间短路等电气故障，这类故障对变压器及电网可能造成较大的损伤和影响，可通过检测不平衡电压和电流来分析。

（2）由于导体之间电气连接接触不良或铁芯故障，在变压器油中可能出现间歇性电弧；以及冷却媒介不足使变压器油温升高，分接开关故障、并联运行变压器之间产生环流和负荷分配不合理，造成变压器的绕组过热等的初始故障。这种故障虽然在初始阶段不严重，对变压器不会立即产生损伤，但在发展过程中却可能产生各种故障，并扩大事故的范围，因此，应尽快消除。

外部故障是变压器最常见的故障，主要有油箱外部绝缘套管及引出线上的相间短路和单相接地短路故障。

其中，变压器绕组、主绝缘和引线等绝缘系统部位的损坏是造成变压器事故的主要原因。

变压器事故处理原则如下：

（1）当变压器故障跳闸造成电网解列，在试送变压器或投入备用变压器时，要防止非同期并列。

注　220kV变电站接线图如图1-12所示，运行方式为2B检修，其他所有设备运行时，1B跳闸。处理时考虑110kV出线151、154为有源线路，防止非同期合闸，考虑好并列点。另外低频低压切负荷情况，倒换运行方式，视情况将损失停电负荷送出。

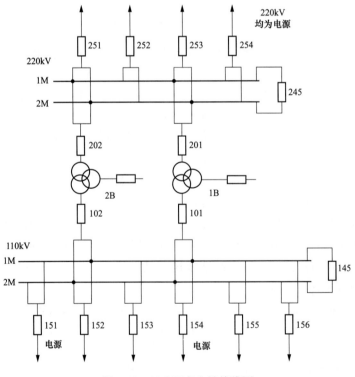

图 1-12　220kV变电站接线图

（2）当并列运行的一台变压器跳闸时，首先应监视运行变压器过载情况，并及时调整。如有备用变压器，应迅速将其投入运行。如涉及中性点接地数量、方式变动时，要报告值班调度员，由值班调度员向省调值班调度员汇报。

注　全站正常方式运行。1B 高、中压侧中性点直接接地，1B 跳闸。首先将 2B 中性点接地，如主变压器过负荷严重，过负荷联切装置未动作，立即拉限负荷。最后倒换运行方式，将停电负荷送出。

（3）当变压器故障跳闸后，值班调度员应根据变压器保护动作情况进行处理：

1）变压器断路器因过电流保护动作跳闸，现场值班员进行变压器外观及母线上连接的一次设备检查无异常后，可以试送主变压器一次。

注　变压器间隔示意图如图 1-13 所示：

1）可能是母线故障造成 101 号断路器或 301 号断路器拒动，201 号断路器过电流跳闸，所以要检查主变压器及 110kV 或 35kV 母线设备有无异常。

2）可能 151 号断路器或 35kV 线路故障，151 号断路器或 35kV 出线断路器拒动，使同在一条母线上的 101 号断路器或 301 号断路器过电流保护动作跳闸。

2）变压器差动或重瓦斯保护之一动作跳闸，如确定不是保护误动作，检查外部无明显故障，经瓦斯气体检查（必要时要进行色谱分析和测直流电阻）证明变压器内部无明显故障后，

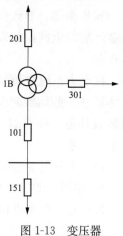

图 1-13　变压器间隔示意图

经设备主管单位总工程师同意可以试送一次，有条件者应先进行零起升压。

3）变压器的瓦斯、差动保护同时动作跳闸，未查明原因和消除故障之前不得强送。

4）变压器过负荷及其他异常情况，按现场规程规定处理。

5）110kV 及以上中性点直接接地的变压器，零序保护动作跳闸（其他保护未动）时，现场运行值班人员立即报告值班调度员，未查明原因和消除故障之前不得强送。同时，值班调度员向省调值班调度员汇报。

（4）变压器事故过负荷允许值遵守生产厂家的规定。

（5）强迫循环冷却的变压器，当冷却系统全停时运行值班员立即报告值班调度员，并按现场规程处理。

（6）当出现以下异常情况时，现场值班人员应不经请示值班调度员和本单位主管领导，立即将其退出运行，但事后应立即将异常情况及处理过程向值班调度员汇报：

1）对人身安全构成威胁。

2）变压器声响明显增大，内部有爆裂声。

3）严重漏油或喷油，使油面下降到低于油位计的指示限度。

4）套管有严重的破损或放电现象。

5）变压器冒烟着火。

6）发生危及变压器安全的故障，而变压器的有关保护拒动。

7）变压器附近的设备着火、爆炸或发生其他情况，对变压器构成严重威胁。

8）在正常负载和冷却条件下，变压器的温度不正常并不断上升（具体参见变压器有关运行规程）。

9）值班人员认为可能威胁变压器安全的其他情况。

4. 电网振荡事故处理

振荡就是发电机与电网电源之间或电网两部分电源之间功角 δ 的摆动现象。电力系统的振荡有同步振荡和异步振荡两种情况，我们把能够保持同步且稳定运行的振荡称为同步振荡，导致失去同步而不能正常运行的振荡称为异步振荡。当电力系统稳定被破坏后，电网内的发电机组将失去同步，转入非同步运行状态，此时电网将发生异步振荡。

在电力系统事故发生后，若不及时采取有效措施，可能导致电力系统暂态稳定被破坏；在一些结构薄弱的电力系统中也可能发生静态稳定破坏事故。电力系统稳定被破坏或其他一些原因（如发电机失磁或电源的非同期合闸等）均可能引起电力系统振荡。

（1）电网发生振荡时的现象如下：

1）电网内的发电机、变压器及联络线的电流表、电压表、功率表周期性地剧烈摆动；发电机、调相机和变压器在表计摆动的同时发出有节奏的嗡鸣声。

2）失去同步的发电机与电网联络线或电网间联络线上的输送功率表、电流表将大幅度往复摆动。

3）电压振荡最激烈，即摆动幅度最大的地方是电网振荡中心，振荡中心电压周期性地降至接近于零（每一周期约降低至零值一次），随着离振荡中心距离的增加，电压波动逐渐减小，此时白炽灯随电压波动有不同程度的明暗现象；如果联络线的阻抗较大，两侧电厂的电容也很大，则线路两端的电压振荡将不大。

4）失去同期的发电厂与电网之间、电网与电网之间虽有电气联系，但仍有频率差出现，送端部分电网的频率升高，受端部分电网的频率降低，并略有摆动。

（2）发生振荡的危害是：发电机间不能维持正常运行，电网的电流、电压和功率将大幅度波动，且离振荡中心越近，振荡幅度越大，严重时将使电网解列，并造成部分发电厂停电及大量负荷停电，从而造成巨大的经济损失。

（3）电网发生振荡的原因如下：

1）输电线路输送的功率超过极限值造成静态稳定破坏。

2）电网发生短路故障，切除大容量的发电、输电或变电设备，负荷瞬间发生较大突变等造成电力系统暂态稳定破坏。

3）环状系统（或并列双回线）突然开环，使两部分电网的联系阻抗突然增大，引起动稳定破坏而失去同步。

4）大容量机组跳闸或失磁，使电网联络线负荷增大或使电网电压严重下降，造成联络线稳定极限降低，引起稳定破坏。

5）电源间非同步合闸未能拖入同步。

（4）消除电力系统振荡的主要措施。当出现电力系统振荡现象时，要迅速采取有效措施，使之尽快平息。目前广泛采用的措施是恢复同步和系统解列，具体措施为：

1）不论频率升高或降低，各电厂都要按发电机事故过负荷规定，最大限度地提高励磁电流。

2) 发电厂应迅速采取措施使电网恢复正常频率。送端高频率的电厂，应迅速降低发电出力，直到振荡消除或恢复到正常频率为止；受端低频率的电厂，应充分利用备用容量和事故过载能力提高频率，直到消除振荡或恢复到正常频率为止。

3) 争取在 3～4min 内消除振荡，否则应在适当地点将部分电网解列。

现场值班人员发现振荡现象，立即向省调、地调报告。地调值班调度员发现振荡现象或接到现场值班人员的报告后，立即向省调值班调度员及领导汇报，并服从、配合、协助省调值班调度员处理。

5. 电网频率异常处理

我国目前电网自动化系统（EMS）中的自动发电控制（AGC）系统作用为：

（1）调整全网的发电出力使之与负荷需求的供需静态平衡，保持电网频率在 ±0.1Hz 正常范围内运行。

（2）在联合电网中，按联络线功率偏差控制，使联络线交换功率在计划值允许偏差范围内波动。

（3）在 EMS 系统内，AGC 在安全运行前提下，对所辖电网范围内的机组间负荷进行经济分配，从而作为最优潮流与安全约束、经济调度的执行环节。

（4）在电网故障时，AGC 将自动或手动退出运行，不能自动开停机组。而在非事故情况下，当电网出现功率缺额和频率下降，或当电网负荷下降且频率上升时，AGC 均可具有自动开停机组的功能。

电网频率异常处理的原则如下：

（1）当区域电网发生解列事故或频率异常时，值班调度员应根据上级（省调）值班调度员调度指令对本供电区域负荷进行控制。

（2）当频率降低威胁发电厂厂用电系统的安全运行时，下级值班人员可根据现场保厂用电措施进行处理并报告值班调度员。

6. 电压异常处理

主网监视点和控制点的电压偏离地调下达的电压曲线 ±5% 的延续时间不得超过 60min，偏离地调下达的电压曲线 ±10% 的延续时间不得超过 30min，否则定为障碍。电压的正常控制范围为：①35kV 母线电压控制在 35～38.5kV 内。②10kV 母线电压控制在 10～10.7kV 内。③6kV 母线电压控制在 6～6.6kV 内。

电压异常处理的原则如下：

（1）220kV 及 110kV 运行电压应满足如下要求，否则视为电压异常：

1) 220kV 监视点、控制点电压偏差不超过电压曲线的 ±5%。

2) 220kV 变电站的 110kV 母线电压不得低于 99kV。

3) 发电厂、变电站的母线电压不高于 10% 额定电压。

（2）当电网出现低电压异常时，现场值班人员不待值班调度员的命令，按照有关规定，投入无功备用容量，事后汇报地调值班调度员。

（3）当电网出现低电压异常时，值班调度员应向上级（省调）值班调度员汇报，并按上级（省调）值班调度员的指令采取下列措施进行负荷控制：

1）拉限电压低而又超用电的用户负荷。

2）拉限低电压供电区的负荷。

3）拉限受电端且功率因数低的负荷。

（4）当电网出现高电压异常时，下级值班调度员应及时向上级（省调）值班调度员汇报，并按上级（省调）值班调度员的指令配合调整。

（5）当电压降低威胁发电厂厂用电系统的安全运行时，现场值班员根据现场保厂用电的措施进行处理，并报值班调度员。

7. 通信中断的事故处理

（1）各级厂（站）、市（县）调与上级（省调）调度通信中断时，值班员应立即通知有关部门，尽快采取措施，恢复与上级（省调）的通信联系。

（2）与上级（省调）失去联系的厂（站）、市（县）调，在设法和上级（省调）取得联系的同时，还应遵守下列规定：

1）尽可能地保持电气接线和中性点接地方式不变，维持电网的稳定。

2）已批准的检修、试验工作，不得自行开工，检修已毕的设备保持在检修状态。

3）值班调度员虽已发布调度指令，但未经值班调度员同意执行操作前中断了通信联系，则该调度指令不得执行；若已经地调值班调度员同意执行，则该项调度指令可全部执行完毕。

4）值班调度员已发布了调度指令而未接到受令者完成指令的报告前中断通信联系，仍应认为该项调度指令正在执行中。

（3）凡能与上级（省调）取得联系的单位，均有责任转达上级（省调）值班调度员的命令和与地调联系事项，转达命令要做好记录，复诵和录音。

（4）凡与上级（省调）中断通信联系按规程规定自行进行的事故处理或异常处理的单位，事后应设法向上级（省调）值班调度员详细报告情况。

三、倒闸操作

（一）操作前期准备

在决定倒闸操作前，值班调度员要充分考虑如下因素：

（1）系统接线方式改变后电网的稳定性、合理性、可靠性及倒闸操作步骤的正确性、合理性，操作所引起的潮流、电压、频率的变化，防止操作引起设备过负荷、操作过电压或稳定极限超过规定值，以及方式改变后的事故预想及其对策。

（2）电网安全措施和事故预案的落实情况。

（3）继电保护、安全自动装置及变压器中性点接地方式是否满足要求。

（4）消弧线圈的正确运行。

（5）操作对继电保护及安全自动装置的配合关系和计量装置、通信及自动化系统的影响。

（6）如涉及省调管辖范围设备时应征得省调值班员的同意。

（7）对县（市）调或厂（站）的设备有影响时，要事先通知有关单位值班人员。

（8）天气等因素的影响。

（二）线路操作注意事项

1. 注意事项

（1）线路停电，应将线路各侧断路器、隔离开关全部断开。操作顺序为先拉开断路器、再拉开线路侧隔离开关、后拉母线侧隔离开关，在线路上可能来电的各端合接地隔离开关或挂接地线、挂工作牌。送电时操作与上述顺序相反。

（2）双回线或环网中任一回路停、送电，应考虑操作后电网潮流的转移，避免出现相关设备过负荷、潮流超稳定极限等情况；应考虑对继电保护、安全自动装置的影响。

（3）充分考虑线路充电功率可能引起的发电机自励磁、电网电压波动及线路末端电压升高（一端充电时，线路末端最高电压不得超过系统额定电压的 1.15 倍，持续时间不得大于 20min）。

（4）尽量避免由发电厂端向线路充电。

（5）线路充电断路器应具备完善的继电保护装置，并保证足够的灵敏度。

（6）220kV 及以上的辐射线路停、送电时，线路末端不允许带有变压器。

（7）新建线路投入运行时，应以额定电压进行冲击，冲击次数和试运行时间按有关规定或投运措施执行。

（8）输电、配电线路工作结束后，值班调度员必须施行线路工作报竣工双复核制，即由值长和主值（副职）分别与线路工作申请人（配网现场工作负责人）及复核人确认检修线路工作人员已撤离、自行布置的安全措施已拆除、检修线路没有工作班成员、线路具备送电条件。

（9）220kV 及以上线路停电操作一般采用下列顺序（双回线、联络线）：

1）拉开线路送端断路器。

2）拉开线路受端断路器。

3）拉开线路各侧断路器的两侧隔离开关（先拉线路侧隔离开关，再拉母线侧隔离开关）。

4）在线路上可能来电的各侧挂地线（或合上接地开关）。

（10）3/2 断路器接线应先拉开中间断路器，再拉开母线侧断路器。

（11）线路停送电操作要注意线路上是否有 T 接负荷；线路停电时，要认真查看该线路的负荷情况，若有负荷调出，要分级（包括上级线路）核对调前调后的负荷变化情况，落实清楚、确认正确后方可进行停电操作，停电前必须认真核对模拟图板并随操作随修正，保证模拟图板与现场随时保持一致。

（12）设备不允许无保护运行。

（13）二次回路故障影响保护装置正确动作、保护定值调整时，需调整定值的保护应停用，涉及其他保护误动时，则也应相应停用。

（14）线路两端的高频保护应同时投入或退出，不能只投一侧高频保护，以免造成保护误动作。高频保护投运前要检测高频通道是否正常。

（15）停电操作时，先操作一次设备，再退出继电保护。送电操作时，先投入继电保护，再操作一次设备。保护及自动装置在一次设备操作过程中要始终投用（操作过程中容易误动的保护及自动装置除外）。

2. 不同线路停送电操作顺序

（1）无电源的单回线路停送电操作。无电源的单回线路如图 1-14 所示。

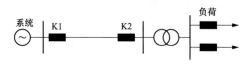

图 1-14　无电源的单回线路

1）停电顺序为：

a. 受端先切除负荷或倒负荷至其他线路，使线路单带空载变压器。

b. 考虑变压器中性点。

c. 拉开 K2 断路器。

d. 拉开 K1 断路器。

220kV 及以上的辐射线路停、送电时，线路末端不允许带有变压器；为防止操作过电压，变压器停送电前中性点接地。

2）送电顺序为：

a. 合上 K1 断路器。

b. 合上 K2 断路器。

主变压器中性点接地。

（2）有电源的单回线路停送电操作。有电源的单回线路如图 1-15 所示。

1）停电顺序为：

a. 调整电源侧出力，使 K2 功率为零。

b. 断开 K2 断路器。

c. 断开 K1 断路器。

d. 电源侧与系统解列后单独运行。

为防止切断充电线路产生过大的电压波动，一般常由容量小的那侧先断开断路器，容量大的一侧后断开断路器。

2）送电顺序为：

a. 合上 K1 断路器。

b. 在 K2 断路器处同期并列（注意操作术语变更）。

尽量避免从发电机侧送电。

（3）双回线路中任一回线停送电操作。双回线路如图 1-16 所示。

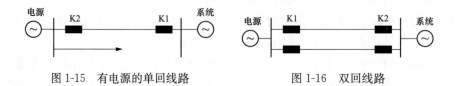

图 1-15　有电源的单回线路　　　　图 1-16　双回线路

1）停电顺序为：

a. 断开 K1 断路器。

b. 断开 K2 断路器。

2）送电顺序为：

a. 合上 K2 断路器。

b. 合上 K1 断路器。

减少双回线解列和并列时开关两侧的电压差。送端如果连接有发电机，可以避免发电机突然带上一条空载线路所产生的电压升高。对于稳定储备较低的双回线，在线路停电之前，必须将双回线送电功率降低至一回线按稳定条件所允许的数值，然后再进行操作。

四、设备检修

（一）停电计划分类

停电计划分位月度停电技术、日前停电计划、临时停电计划。

1. 月度停电计划管理要求

严格执行省调发布的《关于加强和规范新能源检修计划管理的通知》（冀电调〔2018〕25 号）相关文件要求。月度检修计划主要确认站内（外）相关设备检修、投产等工作内容、工作时间，在月度进行站内、站外检修的优化整合，避免造成新能源场站重复停电。通过提前确定场站投产时间，以做好各项投产准备工作。月内需补充或调整的检修计划应提前一周办理计划变更。对于后续批次投产的发电单元，新能源场站需提前一周报送投产申请。月度停电计划安排原则如下：

（1）多级协同管控。新能源场站及上送通道相关设备涉及省地县三级调控机构，应加强多级调控机构间的协同管控。地调负责建立与县调及相关新能源场站的月度协调、沟通机制，统筹安排地县调调管设备、场站设备的检修、投产工作，常态化开展月度计划的优化调整、安全校核，通过整合站内、站外检修工作，实现"一停多用"，最大限度降低对新能源场站的影响，避免场站重复停电。

（2）计划刚性管理。坚持新能源月度计划刚性管理，实施周滚动调整，新能源场站的站内、站外检修均应纳入月度计划统筹安排，未列入月度计划的工作，原则上不予安排。

（3）科学合理安排。应结合新能源的发电特点科学合理安排相关设备检修。涉及光伏电站停电检修的工作应尽量安排在日落时段开展，风电场的计划性检修尽量考虑在小风期进行，上送通道检修需新能源场站配合停运的应最大可能与站内检修同步开展，电网供应紧张、重大保电活动期间一般不安排新能源场站停电。

2. 日前停电计划上报要求

新能源场站应根据月度停电计划，提前 2 个工作日于 12：00 前向相应调控机构提交检修工作票；调控机构在工作开工前 1 个工作日的 17：00 前完成设备检修工作票的审批，新能源场站应于 18：00 前完成签收；检修工作票应通过 OMS 系统中检修工作票模块进行网上填报；所有纳入调度管辖范围内的设备停电必须向相应调控机构办理检修工作票，未提交检修工作票私自工作按违反调度纪律严肃处理。

下列情况的检修工作票原则上不予批准：

（1）填写不规范。

（2）未列入月度计划、且未办理临时停电申请。

（3）不具备工作条件。

（4）检修工作票内容与现场实际不符。

3. 临时停电管理要求

（1）临时紧急停电工作，且涉及多级调控机构的，按照调度管辖范围应逐级汇报。新能源场站站内停电，由场站值班员直接汇报省调值班调度员，并及时通知相关地县调；站外设备紧急停电且造成新能源场站配合停运的，需要相应地县调值班员逐级汇报至省调，情况紧急时可按调度规程规定先行处置。处置结束当日应将相关情况书面报送省调。

（2）在运行中因设备隐患治理、反措落实、紧急消缺等产生的临时性检修工作，新能源场站应提供书面证实性材料，经相应调控机构值班调度员同意后方可开展相关工作，并及时补办检修申请。

（二）电力系统运行操作原则

电力系统运行操作一般有如下原则：

（1）电力系统运行操作，应按规程规定的调度指挥关系，在值班调度员的指挥下进行。

（2）操作前要充分考虑操作后系统接线的正确性，并应特别注意对重要用户供电的可靠性的影响。

（3）操作前要对系统的有功和无功功率加以平衡，保证操作后系统的稳定性，并应考虑备用容量的分布。

（4）操作时注意系统变更后引起潮流、电压及频率的变化，并应将改变的运行接线及潮流变化及时通知有关现场。

（5）任何停电作业的电气设备，必须在所有电源侧挂地线后，才允许在作业侧挂地线，开始作业；送电前，必须在所有作业单位全部作业结束，现场地线全部拆除，作业人员已全部撤离现场后，才能将所有电源侧地线拆除。

（6）继电保护及自动装置应配合协调。

（7）由于检修、扩建有可能造成相序或相位紊乱者，送电前注意核相。环状网络中的变压器的操作，可能引起电磁环网中接线角度发生变化时，应及时通知有关单位。

（8）带电作业，要按检修申请制度提前向所属调度提出申请，批准后方允许作业。

（9）严禁约时停、送电，严禁约时挂、拆接地线，严禁约时开始、结束检修工作。

（10）系统操作后，事故处理措施应重新考虑。应事先拟好事故预想，并与有关现场联系好。系统变更后的解列点必要时应重新考虑。

（三）停送电操作原则和注意事项

1. 线路停送电操作注意事项

线路停送电操作时有以下注意事项：

（1）线路停送电操作，如一侧为发电厂，一侧为变电站，一般在变电站侧停送电、发电厂侧解合环；如两侧均为变电站或发电厂，一般在短路容量大的一侧停送电，在短路容量小的一侧解合环；有特殊规定的除外。

（2）应考虑电压和潮流转移，特别注意防止其他设备过负荷或超过稳定限额，防止发电机自励磁及线路末端电压超过允许值。

（3）任何情况下严禁约时停送电。

2. 变压器停送电操作原则和注意事项

（1）变压器充电时的要求。一般变压器充电时应投入全部继电保护，为保证系统的稳定，充电前应先降低有关线路的有功功率。变压器在充电或投运前，必须将中性点接地开关合上。一般情况下，变压器高低压侧均有电源送电时应由高压侧充电，低压侧并列，停电时则先在低压侧解列。环网系统的变压器操作时，应正确选取充电端，以减少并列处的电压差。变压器并列运行时应符合并列运行的条件。

（2）变压器停送电操作对中性点的要求。变压器停送电操作时中性点必须接地，这是为防止过电压损坏被投、退变压器而采取的措施。对于高压侧有电源的受电变压器，当其断路器非全相拉、合时，若其中性点不接地有以下危险：

1）变压器电源侧中性点对地电压最大可达相电压，可能损坏变压器绝缘。

2）变压器的高、低压绕组之间有电容，这种电容会产生高压对低压的传递过电压。

3）当变压器高低压绕组之间电容耦合，低压侧会有电压达到谐振条件时，可能会出现谐振过电压，损坏绝缘。

对于低压侧有电源的送电变压器：

1）由于低压侧有电源，在并入系统前，变压器高压侧发生单相接地，若中性点未接地，则其中性点对地电压将是相电压，这可能损坏变压器绝缘。

2）非全相并入系统时，在一相与系统相连时，由于发电机和系统的频率不同，变压器中性点又未接地，该变压器中性点对地电压最高将是 2 倍相电压，未合相的电压最高可达 2.73 倍相电压，将造成绝缘损坏事故。

3. 母线停送电操作原则和注意事项

（1）备用母线的充电，有母联断路器时应使用母联断路器向母线充电。母联断路器的充电保护应在投入状态。如果备用母线存在故障，可由母联断路器切除，防止扩大事故。未经试验不允许使用隔离开关对 500kV 母线充电。

（2）在母线倒闸操作中，母联断路器的操作电源应拉开，防止母联断路器误跳闸，造成带负荷拉隔离开关事故。

（3）一条母线的所有元件必须全部倒换至另一母线时，一般情况下是将一元件的隔离开关合于一母线后，随即拉开另一母线隔离开关。另一种方法是将需要倒母线的全部元件都合于运行母线之后，再将另一母线侧对应的所有隔离开关拉开。采用哪种方法要根据操动机构布置和规程规定决定。

（4）由于设备倒换至另一母线或母线上，电压互感器停电，继电保护和自动装置的电压回路需要转换由另一电压互感器供电时，应注意勿使继电保护及自动装置因失去电压而误动作。避免电压回路接触不良以及通过电压互感器二次向不带电母线反充电，而引起的电压回路熔断器熔断，造成继电保护误动作等情况出现。

（5）进行母线倒闸操作时应注意对母线差动保护的影响，要根据母线差动保护运行规程做相应的改变。在倒母线操作过程中无特殊情况下，母线差动保护应投入运行。

（6）变压器向母线充电时，变压器中性点必须直接接地。带有电感式电压互感器的空母线充电时，为避免断路器触头间的并联电容与电压互感器形成串联谐振，母线停送电操作前将电压互感器隔离开关拉开或在电压互感器的二次回路内并（串）联适当电阻。

（7）进行母线倒闸操作，操作前要做好事故预想，防止因操作中出现异常如隔离开关支持绝缘子断裂等情况，从而引起事故的扩大。

4. 隔离开关停送电操作原则和注意事项

（1）隔离开关操作规定如下：

1）未经试验不允许使用隔离开关对 500kV 母线停电或充电。

2）不允许使用隔离开关切、合空载线路、并联电抗器和空载变压器。

3）用隔离开关进行经试验许可的拉开母线环流或 T 接短线操作时，须远方操作。

4）进行停、送电操作时，在拉、合隔离开关或拉出、推入手车式断路器前，检查断路器确在分闸位置。

（2）在不能用或没有断路器操作的回路中允许利用隔离开关进行下列操作：

1）拉、合 220kV 及以下空母线和直接连接在母线上设备的电容电流。

2）无接地指示时用隔离开关拉、合电压互感器。

3）无雷雨时用隔离开关拉、合避雷器。

4）无电网接地故障时用隔离开关拉、合变压器中性点。

5）同一站内同一电压等级的环路可以进行解合环操作，但环路中的所有开关应暂时改为死开关。

6）拉、合励磁电流不超过 2A 的空载变压器和电容电流不超过 5A 的空载线路，但当电压在 220kV 及以上时应使用屋外垂直分合式三联刀闸。

7）通过计算或实验，主管部门总工程师批准的其他专项操作。

必须使用隔离开关进行的特殊操作，应尽可能在天气好、空气湿度小和风向有利的条件下进行，严禁用隔离开关拉合带负荷设备以及带负荷线路。

5. 断路器停送电操作原则和注意事项

（1）在进行停、送电操作前一定要确认断路器处于分闸状态，合闸状态禁止操作。

（2）断路器合闸前应检查高压断路器、低压断路器、母联断路器以及各支路断路器和相配套的隔离开关是否在合位，对设备检修后的合闸操作还应检查各回路是否有接地线未消除，有关设备是否已恢复原状，要认真核实接线无误后方可进行隔离开关操作。

（3）合闸操作前要根据一次系统图供电回路和现场实际的用电情况对号操作，做好保证安全的组织措施和技术措施，做好符合现场实际的安全措施后方可操作，在操作过程中即使有很小的疑问也必须弄清再操作。

（4）操作时应由二人进行，一人监护，一人操作。复杂的操作应根据操作要求进行呼唱复诵。

（5）送电时，要按先合隔离开关、后合负荷断路器；先合高压断路器，后合低压断路器；先合电源侧隔离开关，后合负荷侧隔离开关；先合电源侧断路器，后合负荷侧断路器的原则进行。停电顺序则相反。

（6）手车断路器拉出后，应观察隔离挡板是否可靠封闭。封闭式组合电器引出电缆备用孔或母线的终端备用孔应用专用器具封闭。

（7）断路器合闸送电前，应检查控制该断路器的有关继电保护和自动装置，使其置于使用位置，以便合闸后发生事故时能正确动作将故障切除。

6. 检修设备停电注意事项

检修设备停电，必须把各方面的电源完全断开（任何运行中的星形接线设备的中性点应视为带电设备），禁止在只经断路器断开电源的设备上工作，必须拉开隔离开关，手车断路器必须拉至试验或检修位置，应使各方面至少有一个明显的断开点，若无法观察到停电设备的断开点，应有能够反映设备运行状态的电气和机械等指示。与停电设备有关的变压器和电压互感器必须将设备各侧断开，防止向停电设备反送电。检修设备和可能来电侧的断路器、隔离开关应断开控制电源和合闸能源，隔离开关操作把手应锁住，确保不会误送电。对难以做到与电源完全断开的检修设备，可以拆除设备与电源之间的电气连接。

（四）微机防误操作闭锁装置

1. 微机防误操作闭锁装置概念

"五防"通常是指为确保人身安全，高压电气设备应具备的五种防误功能的简称，是电力安全的重要措施之一。"五防"包括防止误分、合断路器，防止带负荷分、合开关，防止带电挂（合）接地线（接地开关），防止带地线送电，防止误入带电间隔。

微机防误闭锁装置通常主要由主机、模拟屏、电脑钥匙、机械编码锁等功能元件组成，是一种采用计算机技术，用于高压开关设备防止电气误操作的装置。现行微机防误闭锁装置闭锁的设备有断路器、隔离开关、地线（接地开关）、遮拦网门（断路器柜门）等。

2. 微机防误闭锁实现方式

微机防误闭锁设备是通过微机锁具（电编码锁和机械编码锁）实现闭锁的，上述设备须由软件编写操作闭锁规则。

（五）继电保护装置操作原则和要求

1. 继电保护及自动装置加、停用的一般原则

（1）设备正常运行时，应按照有关规定加用其保护及自动装置。在隔离开关操作时，一次设备运行方式的改变对继电保护动作特性、保护范围有影响的，应对其继电保护运行方式、定值做相应调整。继电保护、二次回路影响保护装置正确动作的，应将继电保护停用。

（2）加用继电保护时，先投保护装置电源，后加保护出口连接片；停用与此相反。

其目的是防止投、退保护时保护误动。

（3）电气设备送电前，应将所有的保护投入运行（受一次设备运行方式影响的除外）。电气设备停电后，应将有关保护停用，特别是在进行保护的维护和校验时，其失灵保护一定要停用。

2. 操作有关保护时的注意事项

（1）母线充电时投入充电保护，充电后停用充电保护。

（2）3/2断路器和角形接线方式中，线路停电断路器合环运行时，应将本侧远方跳闸装置停用，投入两断路器之间的短引线保护。

（3）断路器检修时，要停用三相不一致保护。

3. 继电保护整组试验反措要求

（1）用整组试验的方法，即除由电流及电压端子通入与故障情况相符的模拟故障量外，保护装置应处于与投入运行完全相同的状态下，检查保护回路及整定值的正确性。

（2）不允许用卡继电器触点、短路触点或类似的人为手段做保护装置的整组试验。

五、调度操作指令票

（一）调度指令发布和执行要求

各级电网调度机构的值班调度员在其值班期间是电网运行和操作的指挥者，按照批准的调度管辖范围行使调度权。值班调度员必须按照规定发布调度指令，并对其发布的调度指令的正确性负责。

各级调度机构的值班调度员、发电厂值班长、变电所（站）值班长在调度业务方面受上级调度机构值班调度员的指挥，接受上级调度机构值班调度员的调度指令。发布、接受调度指令时，必须互报单位、姓名，使用统一的调度术语和操作术语，严格执行发令、复诵、汇报、录音、记录等制度，经核实无误后方可执行操作。

任何单位和个人不得违反《电网调度管理条例》，干预调度系统的值班人员发布或者执行调度命令。调度系统的值班人员依法执行公务，有权利和义务拒绝各种非法干预。

调度系统的值班人员不执行或者延迟执行上级调度机构值班调度员的调度指令，则未执行调度指令的值班调度人员以及不允许执行或者允许不执行调度指令的领导人均应对此负责。

调度系统的值班人员在接到上级调度机构的值班人员发布的调度指令时，或在执行调度指令过程中，认为调度指令不正确，应当立即向发布该调度指令的值班调度员报告，由发令的值班调度员决定该调度指令是否执行或撤销。当发令的值班调度员重复该指令时，接令的运行人员原则上必须执行，但执行该指令确将危及人身、设备或者电网安全时，值班人员应当拒绝执行，同时将拒绝执行的理由及改正指令内容的建议报告发令的值班调度员和本单位直接领导人。

电网管理部门的负责人，调度机构的负责人以及发电厂、变电所的负责人，对上级调度机构的值班调度人员发布的调度指令有不同意见时，只能向上级电力行政主管部门（或电网管理部门）或者上级调度机构提出，不得要求所属调度系统值班人员拒绝或者拖延执行调度指令；在上级电力行政主管部门（或电网管理部门）或者上级调度机构对其所提意见未做答复前，接令的值班人员仍然必须按照上级调度机构的值班调度人员发布的该调度指令执行；上级电力行政主管部门（或电网管理部门）或者上级调度机构采纳或者部分采纳所提意见，由该调度机构的负责人将意见通知值班调度员，由值班调度员更改调度指令并发布。

在电网出现了威胁电网安全，不采取紧急措施就可能造成严重后果的情况下，必要时值班调度员可以（或者通过下级调度机构的值班调度员）越级向下级调度机构管辖的发电厂、变电所等运行值班单位发布调度指令。

下级调度机构的值班调度员发布的调度指令，不得与上级调度机构的值班调度员越级发布的调度指令相抵触。

值班调度员在出现下列紧急情况时，可以调整日发电、供电调度计划，发布限电，调整发电厂功率，开或停发电机组等指令，并向本电网内的发电厂、变电站的运行值班单位发布调度指令，以限电、调整发电厂功率、开或停发电机组等。

（1）发电、供电设备发生重大事故或电网发生事故。

（2）电网频率或电压超过规定范围。

（3）输变电设备功率负载超过规定值。

（4）主干线路功率值超过规定的稳定限额。

（5）其他威胁电网安全运行的紧急情况。

（二）调度操作指令的分类、要求及含义

1. 调度操作指令的分类

调度操作指令形式有综合操作指令、逐项操作指令和单项操作指令三种，它们的含义分别为：

（1）综合操作指令是指值班调度员对某个单位下达综合操作任务，具体操作项目、顺序由现场运行人员按规定自行填写操作票，在得到值班员允许之后即可进行操作的指令，可用于只涉及一个单位的操作，如变电站倒母线和变压器的停送电等。

（2）逐项操作指令是指值班调度员按操作任务顺序逐项下达，受令单位按指令的顺序逐项执行的指令，一般使用于涉及两个及以上单位的操作以及必须在前一项操作完成后才能进行下一项的操作任务，如线路停送电等，调度员必须事先按操作原则填写操作票，操作时由值班调度员逐项下达操作指令，现场值班人员按指令逐项操作。

（3）单项操作指令是指值班调度员发布的只对一个单位、只对一项操作内容，由下级值班调度员或现场运行人员完成的操作指令。

2. 下达操作指令的要求

为了保证倒闸操作的正确性，值班调度员对一切正常操作应预先填写调度操作票（事故处理除外），并根据操作指令的不同，值班调度员在下达操作指令时，应按下列要求执行：

（1）综合操作指令只下达操作任务，发令的值班调度员只对操作任务的正确性负责。

（2）逐项操作指令，发令值班调度员对每项指令及其先后顺序的正确性负责。

（3）为机和炉的启动、并列、解列、紧急事故处理、继电保护及自动装置的临时投、退等而下达的单项操作指令，根据各电网情况的不同，可不填写调度操作票，但发令、受令双方要认真履行复诵制度、录音制度，并做好记录。

3. 调度综合操作指令的含义

（1）电力系统的设备状态。一般划分为运行、热备用、冷备用和检修四种状态。

1）运行。指设备（不包括串联补偿装置）的隔离开关及断路器都在合位置，电源至受电端的电路接通。小车断路器是指两侧动静触头已插好，二次插头插好，断路器合上；小车隔离开关是指两侧动静触头已插好，二次插头插好。

2）热备用。指设备（不包括带串联补偿装置的线路和串联补偿装置）断路器断开，而隔离开关仍在合位置，只靠断路器断开电源的设备。此状态下如无特殊要求，设备保护均应在运行状态。带串补装置的线路，线路隔离开关在合闸位置，其他状态同上。小车断路器是指两侧动静触头已插好，二次插头插好，断路器不合；小车隔离开关无此状态。

3）冷备用。指设备的所有断路器、其两侧隔离开关均在断开位置，但无地线，相关接地隔离开关处于断开位置。小车开关及小车隔离开关是指两侧动静触头已离开，二次插头未断开，但断路器未拉出柜外。

a. 断路器冷备用：是指断路器及两侧隔离开关拉开。

b. 线路冷备用：是指线路两侧隔离开关拉开。

c. 主变压器冷备用：是指变压器各侧隔离开关均拉开。

d. 母线冷备用：是指母线侧所有断路器及其两侧的隔离开关均在分闸位置。

4）检修。指设备的所有断路器、隔离开关均断开，在此设备各个可能来电端挂好地线或合上接地开关（并在可能来电侧挂好工作牌，装好临时遮栏）。小车断路器及小车隔离开关是指小车断路器及小车隔离开关已拉至柜外。

a. 断路器检修。断路器及两侧隔离开关拉开，在断路器两侧挂上接地线（或合上接地隔离开关）。

b. 线路检修。线路隔离开关拉开，并在线路出线端合上接地开关（或挂好接地线）。

c. 主变压器检修。变压器各侧隔离开关均拉开并合上接地开关（或挂上接地线）。

d. 母线检修。母线侧所有断路器及其两侧的隔离开关均在分闸位置，合上母线接地开关（或挂接地线）。

（2）常规断路器的综合操作命令。

1）命令将××（设备或线路名称）的×××断路器由运行转检修。拉开断路器及两侧隔离开关。在断路器两侧挂地线（或合上接地开关）。

2）命令将××（设备或线路名称）的×××断路器由转检修运行。拆除该断路器两侧地线（或拉开接地开关）。合上该断路器两侧隔离开关（母线隔离开关按方式规定合）及断路器。

3）命令将××（设备或线路名称）的×××断路器由运行转热备用。拉开该断路器。

4）命令将××（设备或线路名称）的×××断路器由热备用转运行。合上该断路器。

5）命令将××（设备或线路名称）的×××断路器由运行转冷备用。拉开该断路器及两侧隔离开关。

6）命令将××（设备或线路名称）的×××断路器由冷备用转运行。合上该断路器两侧隔离开关（母线隔离开关按规定方式），合上断路器。

7）命令将××（设备或线路名称）的×××断路器由热备用转检修。拉开该断路器两侧隔离开关，在该断路器两侧挂地线（或合上接地开关）。

8）命令将××（设备或线路名称）的×××断路器由检修转热备用。拆除该断路器两侧地线（或拉开接地开关），合上该断路器两侧隔离开关（母线隔离开关按规定方式）。

9）命令将××（设备或线路名称）的×××断路器由冷备用转检修。在该断路器两侧挂地线（或合上接地开关）。

10）命令将××（设备或线路名称）的×××断路器由检修转冷备用。拆除该断路器两侧地线（或拉开接地隔离开关）。

11）命令将××（设备或线路名称）的×××断路器由热备用转冷备用。拉开该断路器两侧隔离开关。

12）命令将××（设备或线路名称）的×××断路器由冷备用转热备用。合上该断路器两侧隔离开关（母线隔离开关按规定方式）。

（3）小车断路器（小车隔离开关）的综合操作命令。位置解释如下：

1）运行位置（工作位置）。小车断路器的运行位置（工作位置）是指两侧动静出头已插好，相当于隔离开关合好，二次插头插好，断路器合入（断路器未合为热备用）。

2）备用位置（试验位置）。小车断路器的备用位置（试验位置）是指两侧动静出头已断开，二次插头不拔，断路器未拉出柜外。

3）检修位置。小车断路器（隔离开关）的检修位置是指小车断路器（隔离开关）已拉到柜外。

综合操作命令释义如下：

1）命令将××（设备或线路名称）的×××断路器由运行转检修。拉开断路器。将小车断路器由运行位置拉至检修位置。

2）命令将××（设备或线路名称）的×××断路器由转检修运行。将小车断路器由检修位置推至运行位置，合上断路器。

3）命令将××（设备或线路名称）的×××断路器由运行转热备用。拉开断路器。

4）命令将××（设备或线路名称）的×××断路器由热备用转运行。合上断路器。

5）命令将××（设备或线路名称）的×××断路器由运行转冷备用。拉开断路器，将小车断路器由运行位置拉至试验位置。

6）命令将××（设备或线路名称）的×××断路器由冷备用转运行。将小车断路器由试验位置推至运行位置，合上断路器。

7）命令将××（设备或线路名称）的×××断路器由热备用转检修。将小车断路器由运行位置拉至检修位置。

8）命令将××（设备或线路名称）的×××断路器由检修转热备用。将小车断路器由检修位置推至运行位置。

9）命令将××（设备或线路名称）的×××断路器由冷备用转检修。将小车断路器由试验位置拉至检修位置。

10）命令将××（设备或线路名称）的×××断路器由检修转冷备用。将小车断路器由检修位置推至试验位置。

11）命令将××（设备或线路名称）的×××断路器由热备用转冷备用。将小车断路器由运行位置拉至试验位置。

12）命令将××（设备或线路名称）的×××断路器由冷备用转热备用。将小车断路器由试验位置推至运行位置。

（4）变压器的综合操作命令。

1）命令将×号变压器由运行转检修。拉开该变压器的各侧断路器、隔离开关，在该变压器各侧挂地线（或合上接地开关）。

2）命令将×号变压器由检修转运行。拆除该变压器上各侧地线（或拉开接地开关），合上除因检修要求不能合或方式明确不合之外的隔离开关和断路器。

3）命令将×号变压器由运行转热备用。拉开该变压器各侧断路器。

4）命令将×号变压器由热备用转运行。合上除因检修要求不能合或方式明确不合的断路器以外的断路器。

5）命令将×号变压器由运行转冷备用。拉开该变压器各侧断路器和隔离开关。

6）命令将×号变压器由冷备用转运行。合上除有检修要求不能合或方式明确不合的隔离开关和断路器以外的隔离开关和断路器。

7）命令将×号变压器由冷备用转检修。在该变压器各侧挂地线（或合接地开关）。

8）命令将×号变压器由检修转冷备用。拆除该变压器上各侧地线（或拉开接地开关）。

9）命令将×号变压器由热备用转检修。拉开该变压器各侧隔离开关，在该变压器各侧挂地线（或合接地开关）。

10）命令将×号变压器由检修转热备用。拆除该变压器各侧地线（或拉开接地开关）。合上除因检修要求不能合或方式明确不合的隔离开关以外的隔离开关。

11）命令将×号变压器由热备用转冷备用。拉开该变压器各侧隔离开关。

12）命令将×号变压器由冷备用转热备用。合上该变压器因方式明确不合的隔离开关以外的隔离开关。

注 不包括变压器中性点隔离开关的操作。中性点隔离开关的操作根据下达的逐项操作命令或根据现场规定进行。

（5）母线的综合操作命令（对于单母线结线）。

1）命令将××kV×号母线由运行转检修。将该母线上所有断路器、隔离开关拉开。在该母线上挂地线（或合上接地开关）。

2）命令将×kV×号母线由检修转运行。拆除该母线上的地线（或拉开接地开关），合上该母线上除因检修要求不能合或方式明确不合以外的所有隔离开关和断路器。

3）命令将××kV×号母线由热备用转运行。合上该母线上除因检修要求不能合或方式明确不合的断路器以外的断路器。

4）命令将××kV×号母线由运行转热备用。拉开该母线上所有断路器（站用变压器负荷倒出）。

5）命令将××kV×号母线由热备用转检修。拉开该母线上所有隔离开关及 TV 隔离开关，在该母线上挂地线（或合上接地开关）。

6）命令将××kV×号母线由检修转热备用。拆除母线上的所有地线（或拉开接地开关），合上该母线上除有检修要求不能合或方式明确不合的隔离开关以外的所有隔离开关。

7）命令将××kV×号母线由运行转冷备用。拉开该母线上所有断路器及隔离开关（站用变压器负荷倒出）。

8）命令将××kV×号母线由冷备用转运行。合上该母线上除有检修要求不能合或方式明确不合的隔离开关以外的所有隔离开关（含母联两侧隔离开关）。用母联断路器给母线充电，充电前（后）投（退）母联断路器充电保护。

9）命令将××kV×号母线由冷备用转检修。在该母线上挂地线（或合上接地开关）。

10）命令将××kV×号母线由检修转冷备用。拆除母线上的所有地线（或拉开接地开关）。

11）命令将××kV×号母线由热备用转冷备用。拉开该母线上所有隔离开关（站用变压器负荷倒出）。

12）命令将××kV×号母线由冷备用转热备用。合上该母线上除有检修要求不能合或方式明确不合的隔离开关以外的所有隔离开关（含母联两侧隔离开关）。

（6）电压互感器的综合操作命令。

1）命令将××kV×TV 由运行转检修。切换倒出 TV 负荷，拉开该 TV 隔离开关，在 TV 上接地线（或合上接地开关）。

2）命令将××kV×TV 由检修转运行。拆除该 TV 上地线（或拉开接地开关）。合上该 TV 刀闸，倒入 TV 负荷。

3）命令将××kV×TV 由运行转备用。切换倒出 TV 负荷，拉开该 TV 隔离开关。

4）命令将××kV×TV 由备用转运行。合上该 TV 隔离开关，倒入 TV 负荷。

5）命令将××kV×TV 由备用转检修。切换倒出 TV 负荷，拉开该 TV 隔离开关，在 TV 上接地线（或合上接地开关）。

6）命令将××kV×TV 由检修转备用。拆除该 TV 上地线（或拉开接地开关）。合上该 TV 隔离开关，倒入 TV 负荷。

（三）调度操作指令票的填写

1. 填写调度操作票时的注意事项

（1）对电网的接线方式、有功出力、无功出力、潮流分布、频率、电压、电网稳定、一次设备的相序相位的正确性以及短路容量、通信及调度自动化等方面的影响。

（2）对调度管辖范围以外设备和供电质量有较大影响时，应事先通知有关单位。

（3）继电保护、自动装置是否配合，是否需要改变。

（4）变压器中性点接地方式是否需要变更。

（5）线路停送电操作要注意线路上是否有 T 接负荷。

（6）防止非同期并列。

（7）根据电网改变后的运行方式，重新规定新的事故处理办法，并做新的事故预想。

2. 调度操作票的填写要求

（1）调度操作票应按统一的规定格式和调度术语认真填写。

（2）调度操作票应包括执行任务本身的操作以及由此引起的电网运行方式改变、继电保护及其自动装置变更的操作内容。

（3）调度操作票一般由负责指挥操作的值班调度员填写，并经该操作任务的监护调度员审核。

（4）调度操作票不允许涂改，出现错字和漏项等应加盖作废章。

（5）操作指令的顺序应用阿拉伯数字 1、2、3 等标明操作的序号，不得颠倒序号下令和操作。

（6）调度操作票应注明有关注意事项。

3. 调度员操作前的准备工作

电网的操作应根据设备调度管辖范围的划分规定，实施分级管理，各级调度值班调度员对其调度管辖范围内的设备行使调度操作指挥权。值班调度员在决定倒闸操作前，应做好下列准备工作：

（1）充分理解电网操作的目的，分析电网运行方式的改变是否正确、合理和安全可靠。

（2）将操作范围、工作内容、工作单位实际运行接线方式与现场核对清楚，要特别注意挂、拆地线地点和拉、合接地开关的顺序，防止带电挂地线或合接地开关，防止带负荷拉隔离开关及向未拉接地开关的设备送电。

（3）将有关方式、继电保护及有关稳定极限规定等资料查看齐全，全面考虑操作内容，并根据调度模拟屏和计算机画面标示的实际运行情况模拟操作步骤，以保证操作程序的正确性。

（4）复杂操作要预先通知有关单位，与现场核对运行方式，征求操作意见，并将电网运行方式的变化及事故处理原则及对策等通知有关单位。

特殊情况下（如通信中断等），上级可委托下级调度或厂、站（所）的运行值班人员对上级调度管辖范围内的设备发布调度指令，但这种委托应按正常要求逐级下达，并做好记录。

4. 操作时监护调度员的工作

调度操作指挥应严格执行操作监护制度，指挥电网操作时，监护调度员对发令调度员监护的工作重点为：

（1）下令停电前，监护人应检查电网潮流是否允许，保护装置运行是否正确。

（2）在下"许可工作"指令前，监护人应检查所有应挂地线、接地开关是否已全部就位。

（3）在下达送电指令前，监护人应检查所有申请检修、配合的工作确已全部结束。

（4）联络线停电时，在下合接地开关指令以前，监护人应检查对侧隔离开关确在断位。

（5）联络线送电时，在下合隔离开关指令以前，监护人应检查各侧接地开关确已拉开或接地线确已拆除。

调度操作一般应尽量避免在交接班和高峰负荷时进行，不能避免的应操作完再交班。严禁约时操作。

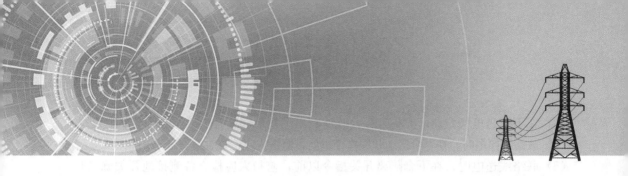

第二章 地区电网运行方式计划及专业管理

第一节 地区电网运行方式管理

地区电网运行方式管理包括电源、电网、负荷的接入安排和运行安排，应综合考虑安全、经济因素，满足电力系统频率、电压、短路电流、潮流、稳定限额等控制要求。各级（省、地、县）电网运行方式应协调统一，低电压等级电网的运行方式应满足高电压等级电网运行方式的要求。

一、年度运行方式编制

市、县调控机构应组织编制各调度管辖范围内的电网年度运行方式，同时开展度夏（冬）运行方式以及临时运行方式编制。年度运行方式应每年编制一次，如一年内电网运行结构发生重大变化时应及时编制过渡方式。

1. 系统正常运行方式的原则

（1）充分发挥本网输变配电设备能力，保证整个系统及组成部分的安全、经济运行。

（2）保证重要用户和主要大用户供电的可靠性和灵活性。

（3）当电网发生故障时，能迅速消除故障，恢复对用户的供电。

（4）使电网供电电能质量符合国家规定的标准。

（5）继电保护、自动装置和补偿设备的正常运行。

2. 年度运行方式时应考虑的因素

（1）潮流分布合理的要求。

（2）载流元件热稳定的要求。

（3）电网稳定的要求。

（4）电网短路容量的要求。

（5）电网内部过电压的要求。

（6）电网调峰的要求。

（7）电网电压调整的要求。

（8）供电可靠性的要求。

（9）事故后运行方式的要求。

（10）适应主要元件检修的能力。

3. 年度运行方式应包括的内容

（1）上年度电网运行情况分析。

（2）电网新建、改建、扩建项目投产情况及新增设备规范。

（3）负荷、峰谷差情况。

（4）电网主要生产指标完成情况。

（5）电网安全稳定情况。

（6）电网事故情况。

（7）安全措施落实情况。

（8）电网运行存在的问题。

（9）本年度新建、改建、扩建设备投产计划。

（10）本年度分月预测最大、最小负荷。

（11）本年度电网结构。

（12）本年度电网的正常电气接线方式及检修方式安排要点。

（13）本年度无功调整及电压水平分析。

（14）本年度电网经济运行及负荷分析。

（15）本年度各变电站母线短路容量。

（16）本年度电网安全自动装置运行规定及低频（低压）减载整定方案。

（17）电网运行存在的问题及改进措施或建议。

（18）电网调度管辖范围划分明细。

（19）电网事故和超计划限电拉路序位。

（20）电网内各站运行方式。

4. 临时运行方式制订原则

（1）针对电网特殊保电期、多重检修方式、系统性试验、配合基建技改等临时运行方式，调控机构应按调管范围进行专题安全校核，制订安全稳定措施及运行控制方案。

（2）对上级调控机构调管的电网运行有影响的运行控制方案，应报上级调控机构批准；对同级调控机构调管的电网运行有影响的运行控制方案，应报上级调控机构协调处理，统筹制订运行控制要求。

（3）各相关单位须落实年度运行方式的各项要求，各级调控机构须做好年度运行方式执行跟踪和后评估工作。

二、电网运行方式安排

1. 一般安排原则

（1）在保证电网安全可靠的前提下，使负荷分配、潮流分布尽可能经济合理。

（2）禁止出现电磁环网运行的情况，供电区之间 110kV 联络线充电备用。

（3）有利于系统事故处理。

（4）考虑继电保护、自动装置适应程度。

（5）充分考虑输变电设备能力的限制。

（6）安排设备检修时，应考虑上、下级设备配合，避免重复停电。

2. 220kV 站运行方式安排一般原则

(1) 正常方式下，220kV 站的 220kV、110kV 母线采取并列运行方式。若因短路电流不满足安全水平，可改为 220kV、110kV 母线均采用分裂运行方式。

(2) 220kV 站的 110kV 母线为双母线时，一般情况下单号出线断路器运行于单号母线，双号出线断路器运行于双号母线，但出现下列情况时应综合考虑：

1) 非并列运行的双线电源线路均为单号或均为双号。

2) 110kV 母线潮流分配严重不均。

3) 当该站某条 110kV 母线停电，该站所带 110kV 站的 110kV 备自投不能正常投入。

4) 并列运行的双电源线路（避免 110kV 出线断路器拒动引发母线全停，需上同一段母线）。

(3) 利用 110kV 联络线电磁合环倒负荷前，必须经过分析计算并经审批程序，合环倒负荷时间一般不超过 1min。

(4) 禁止 220kV 站的 35kV 系统与 110kV 站的 35kV 系统电磁合环倒负荷。

(5) 220kV 站或 110kV 站中、低压侧短时并列倒负荷时，一旦发生母线短路其短路电流达到或超过母线上出线断路器遮断电流的情况，一般需进行停电倒供；对于确因用户等其他特殊原因无法进行停电倒供的情况，可进行短时并列倒供，但并列时间应尽量缩短，并列时间不应超过 30s。220kV 站低压侧短时并列倒负荷前应先将运行的电容器组全部退出，倒负荷后再恢复电容器组运行。

3. 110kV 电网运行方式一般安排原则

(1) 供电区之间 110kV 联络线运，因不允许 220kV 等级及以下电磁环网运行，对供电区间联络线可构成电磁环网运行的联络线一律采用充电备用状态。即联络线一侧断路器在合位，另一侧断路器在断位（开口）。

(2) 110kV 站主变压器运行方式调整原则如下：

1) 高峰负荷长期（5 天）低于 25MW 的 110kV 站，两台主变压器可采用"一主一备"运行方式。即一台主变压器运行、一台主变压器备用。备用主变压器的高、中、低压侧断路器采用热备用状态；如果备用主变压器高压侧为隔离开关连接，该隔离开关应在断开位置。

2) 两台主变压器采用"线路变压器组运行方式"。

3) 正常方式下，两台主变压器中压侧、低压侧采用"分列"运行方式。即中压侧母联断路器（或母兼旁）、低压侧母联断路器热备用。

4) 当出现母线负荷分配不均、中压或低压越限、电容器组投不上且力率低、影响消弧线圈正确运行等情况时，两台主变压器中压侧、低压侧可采用"分开"运行方式（两台主变压器中压侧不形成回路，低压侧也不形成回路）。

5) 大负荷期间，对于采用分列或分开运行方式仍造成主变压器过负荷的情况，在满足并列运行前提条件（接线组别相同、电压比相同、短路阻抗相同、容量比不大于 3:1）下，可短期采用两台主变压器中、低压侧并列运行方式，监控人员应注意监视主变压器运行情况，负荷回落后及时恢复原运行方式。应特别注意部分站严禁两台主变压器长期并列运行，见各变电站具体运行方式规定。

6）运行主变压器高压侧中性点接地开关在断位，备用主变压器高压侧中性点接地开关在合位。注意，有电厂并网的 110kV 站、其主变压器高压侧中性点接地开关运行方式应按该站运行方式规定执行。

7）主变压器检修及故障方式不包括在本调整原则之内。

8）受目前一次设备承受短路电流能力的限制，110kV 站的主变压器在负荷允许的前提下，一般不采用并列运行方式。

4. 备自投运行方式安排原则

（1）110kV 备自投装置运行的一般原则为：凡有双电源供电的 110kV 站，且电源为一主一备用或 110kV 母线分裂运行，同时备自投动作后不会造成其他设备过负荷，该站的 110kV 备自投装置必须投入。

（2）正常方式下，为提高供电可靠性，对 35kV、10kV 备自投方式的一般原则做如下规定：

1）有主变压器过负荷联切装置且可投入运行的变电站，其 35kV、10kV 备自投应投入运行。当 35kV、10kV 备自投只能投母联断路器且主变压器 35kV 侧或 10kV 侧采用"分开"运行方式时，35kV 或 10kV 备自投解除。

2）无主变压器过负荷联切装置的变电站，备自投动作后只要负荷不超过运行主变压器容量的 130%、环境温度不超过 40℃ 时，其 35kV、10kV 备自投应投入；当超过上述条件时，其 35kV、10kV 备自投解除。注意备自投动作后 20min 内，将负荷控制到主变压器允许范围内。当 35kV、10kV 备自投只能投母联断路器且主变压器 35kV 侧或 10kV 侧采用"分开"运行方式时，35kV 或 10kV 备自投解除。

除以上 35kV、10kV 备自投运行方式的一般原则，各站备自投具体投运方式参见各站运行方式规定。

5. 地区电网检修方式安排要点及事故应急处置原则

（1）一般不同时安排 2 个及以上有关联的 220kV 变电站主变压器检修。当某条 220kV 输电线路停修或 220kV 站的重要设备检修时，该区域电网或相关 220kV 站会存在一定的薄弱环节，一旦运行设备发生故障，有可能造成该 220kV 站全停甚至整个供电区全部失电。

（2）220kV 及 110kV 变电站供电设备采用 N-1 检修方式，不安排与该站有关联的 110kV、35kV 线路或变电站停修，以避免 220kV、110kV 变电站供电设备发生故障，扩大停电范围。

（3）考虑变电站事故恢复电源，以保证事故时快速恢复重要用户的保安用电。

（4）提前进行电网安全分析校核，做好电网安全措施。

（5）提前通知所涉及的客户及县（区）调：做好电网事故停电情况下的应急预案及自保措施，安排所辖电网运行方式，保证发生事故时电网的快速恢复。

（6）根据检修方式下电网出现的薄弱环节及外部自然环境的恶劣程度制订电网事故处理应急预案，各级调度值班员、监控人员、运维人员及检修人员应根据具体响应条件执行相应的事故处理预案。

（7）220kV站形成单电源、单母线、单变压器的检修工作，工作期间发电车到站，作为事故情况下的站变电源；形成单电源的变电站要有人值守。

6. 短时合环及电磁合环倒负荷原则

（1）110kV短时合环及电磁合环倒负荷。

1）电磁合环倒负荷的前提条件。一般电磁合环倒负荷前，地区500kV、220kV网架为正常运行方式，同一500kV供电区内可进行合环倒电。凡是需要电磁合环倒负荷的回路必须经过计算且计算结果满足下列条件：①合环后，合环回路中的各条线路及局部区域均不出现过负荷；②220kV网架（包括合环回路中的220kV线路）发生N-1故障且故障切除后，合环回路中的220kV线路均不会过负荷。

合环回路中的110kV站负荷之和一般不应超出合环回路中的任何一条110kV线路的负荷允许值（或安全电流值）。

严禁跨500kV供电区的110kV及以下电网合环倒电。若所跨500kV供电区域间220kV电网为合环运行方式，跨500kV供电区域的110kV站可短时合环倒供时。

2）合环操作前应掌握的一般原则。

合环倒负荷前，查看构成电磁环网的110kV电压支路两端的220kV站电容器组投入容量。要求电容器组总投入容量小于8Mvar，当超过此值时，将多余的电容器组全部切除。

合环倒负荷前，合环断路器处两侧电压差值要进行比较：要求空载线路侧电压高于带负荷侧电压至少1kV，但不能高于4kV。如果超过上述范围，应进行电压调整，使其满足规定的范围。

合环倒负荷前，构成环网、电磁环网的110kV线路断路器保护投入，合环回路上的"辐射站"的重合闸解除。倒负荷后，再投入"辐射站"的重合闸。

合环倒负荷应在一个站进行，合环时间一般不超过30s。特殊情况可在两站进行，但要注意缩短合环时间，一般不超过1min。

合环时，应仔细检查，禁止出现带负荷合隔离开关、带空线路合隔离开关。

（2）35kV短时合环及电磁合环倒负荷。

1）35kV合环倒电技术条件如下：①35kV站具备双电源，进线双断路器条件；②35kV站双电源分别来自不同或相同220kV站低压侧，或是来自不同或相同110kV站中压侧（220kV低压侧、110kV中压侧30°角差）；③合环点两侧电源相序、相位一致；④合环后不能因环流较大造成设备电流、电压越限；⑤合环操作的断路器开断短路电流能力满足合环方式要求；⑥合环操作的两条线路电源侧继电保护能够适应合环期间及解环后的运行方式，合环电流小于0.8倍过电流保护定值，合环线路的过电流保护或距离Ⅲ段保护对合环各段线路故障的灵敏度不低于1.5；⑦合环变电站35kV母线电压与备用线路电源侧电压（母联合环两段母线电压）之差满足规定要求。

2）合环原则如下：①预合环两侧线路负荷之和一般不超过合环两侧任一侧35kV线

路的负荷允许值（或安全电流）；②合环操作前，县调进行 35kV 站合环倒供潮流计算，结果满足要求；③合环前由县调向地调电话申请，经许可后方可进行；④合环前，县调通知地区监控班进行电压调整，使备用线路侧上级 35kV 母线电压略高于倒供侧电压，且闭锁上级两侧厂站的 AVC 调压，合环结束后，通知地调监控班将 AVC 系统恢复正常；⑤具备 35kV 进线断路器保护的，合环前应投入一侧进线保护，合环结束后退出；⑥合环时间尽量缩短，一般不超过 1min。

3）首次合环注意事项如下：①尽量选择来自同一母线（或变电站）的线路，如果条件允许，尽量选择合环点两侧负荷和线路参数相近的线路；②合环时间一般选择夜间的负荷低谷时段，避免因潮流变化导致保护误动，影响对用户的正常供电，恶劣天气、非正常方式、交接班等情况下不宜进行合环倒电操作；③为减少合环过程中的穿越电流，应把合环点两侧的电压调整至尽量相近，倒至变电站侧电压略高于倒出侧；④首次合环要求变电站运维人员到 35kV 站现场监视，由调控员远方操作；⑤合环过程中记录电流、有功、无功数据变化情况。

（3）10kV 短时合环及电磁合环倒负荷。

1）10kV 合环倒电技术条件如下：①10kV 线路具有"拉手"线路，且联络点为断路器；②合环点两侧电源相序、相位一致；③合环后不能因环流较大造成设备电流、电压越限；④合环操作的断路器开断短路电流能力满足合环方式要求；⑤合环操作的两条线路电源侧继电保护能够适应合环期间及解环后的运行方式；⑥合环线路两端变电站 10kV 母线电压差满足规定要求。

2）合环原则如下：

①预合环两侧线路负荷之和一般不超过合环两侧任一侧 10kV 线路的负荷允许值（或安全电流）；②合环操作前，县调进行 10kV 站合环倒供潮流计算，结果满足要求；③合环前由县调向地调电话申请，经许可后方可进行；④涉及地调管辖站 10kV 线路时，合环前，县调通知地区监控班进行电压调整，使合环线路两端电压基本一致，且闭锁两端变电站的 AVC 调压，合环结束后，通知地调监控班将 AVC 系统恢复正常；⑤合环时间尽量缩短，一般不超过 1min。

3）首次合环注意事项如下：①尽量选择来自同一母线（或变电站）的线路，如果条件允许，尽量选择合环点两侧负荷和线路参数相近的线路；②合环时间一般选择夜间的负荷低谷时段，避免因潮流变化导致保护误动，影响对用户的正常供电，恶劣天气、非正常方式、交接班等情况下不宜进行合环倒电操作；③为减少合环过程中的穿越电流，应把合环点两侧的电压调整至尽量相近；④合环时要求运维人员现场操作，具备遥控操作的联络断路器应由调控员远方操作，运维人员现场监视；⑤合环过程中记录电流、有功、无功数据变化情况。

三、新设备接入电网管理

1. 一般原则

（1）针对电网新建、改建、扩建的工程，施工管理部门按调控专业要求提供有关图纸、资料，并办理投运手续。

（2）调控机构需参加工程可行性研究审查、接入系统设计审查、初步设计审查、施工设计审查、竣工验收等工作，与电网运行有关的技术条件和执行的技术标准等均应满足国家有关规定及电网的要求。

（3）基建管理单位应将下一年新设备投产计划及有关技术资料于每年8月底前报调控机构，每年12月底前需书面进一步确定下一年度的投产项目和投产时间。220kV设备须在投运前3个月、35kV~110kV设备须在投运前2个月、10kV设备须在投运前1个月按要求提供有关资料。

（4）调控机构取得有关资料后，进行必要的系统分析和计算，包括潮流、短路计算和继电保护整定计算等，在设备投运10日前答复，并提供下列资料：

1）设备的调度管辖及许可范围划分，设备命名和编号。

2）运行方式和主变压器分头位置。

3）继电保护及安全自动装置定值。

4）调度自动化定值、通信电路方式。

5）其他需要说明的内容。

2. 新设备投入运行的申请和审批程序

（1）基建部提前20天向地调提交由本单位批准的新设备投运申请书。新设备投运申请书主要内容包括：一、二次设备铭牌参数（包括测量参数），投运一、二次设备系统图纸，装置原理说明书，线路走径图，设备试验项目和启动方案建议，以及经公司生产部批准的停电过渡方案、工程形象进度计划和预计投运日期等。

（2）运行单位提前20天向地调提交现场运行规程、运行人员名单。

（3）地调编制新设备投运批准书，在新设备投运前一周下发有关单位。

（4）新设备投运前运行单位应向调控机构提交输、变电设备投运申请。

（5）申请投入运行或需要停电过渡的工程必须列入公司月度检修计划。

（6）新建、改建、扩建单位虽已接到调控机构投运批准书，但仍须得到调度值班调度员下达的指令后方可进行操作。

3. 并网电厂和直调用户新设备投运前必须具备的条件

（1）基本条件如下：

1）并网电厂和直调用户已与地调签订并网调度协议，与电网有配合要求的继电保护定值已报地调审核。发电机组转入商业化运行前，应通过并网运行安全性评价。

2）设备验收完毕，有关单位已向地调提出新设备投运申请。

3）所需资料齐全，参数测量工作结束，并将所有资料提供给有关单位。

4）调度通信、自动化系统调试正确。

5）值班人员已通过调度规程考试合格。

（2）发电机组投运前须报临时竣工，经启动试运行正常后，报正式竣工。

（3）输变电设备报安装竣工即为正式竣工，设备一经向调控机构报备用，即列入调控机构调度管辖范围。

（4）属调控机构管辖的发电厂的新建、改建、扩建工程，地调应于启动投运前一周将批准书、有关设备规范、运行方式等报上级调控机构备案，如影响主系统方式或保护配合，应提前一个月报备。

（5）列入上级调控机构许可的 220kV 输变电设备和其他影响主系统安全、稳定运行的设备投运，应于启动投运前一周将批准书、有关设备规范、运行方式等报其审核。

（6）下级县（市）调度管辖的 35kV 及以上新建、改建、扩建的输变电设备投入运行，县（市）调度按以下规定办理：

1）确定需要投运设备的一次运行方式，审核继电保护整定值，明确一、二次设备配合关系；当影响主网运行方式或需要保护配合时，必须得到调控机构批准。

2）将经过本单位批准的新设备投运申请书提前一周报地调。

3）按规定办理投运申请。

4）有关新设备投运充电方式、次数等按投运批准书或有关规定执行。

4. 新设备投运批准书内容

（1）投运设备接入系统简图，新投设备名称和编号，主要设备规范、参数。

（2）投运设备的调度管辖范围划分。

（3）批准投运日期。

（4）投运前的准备工作，即：

1）核对一次设备编号和保护定值。

2）投运前需报竣工的设备、项目。

3）投运前设备的运行状态。

（5）投运步骤及注意事项。

1）线路投运：①线路首次带电应进行三次冲击合闸，要求冲击过程有后备快速保护，一般可利用母联断路器的充电保护，新线路保护投入运行，其零序方向退出，综重投直跳，充电侧母差保护退出，对 3/2 断路器接线的变电站可先做向量检查，然后对线路充电；②线路首次充电应进行相序核对（核相），220kV 及以上线路可用单相充电、验电的方式核相，再用母线 TV 进行二次定相；新接 TV 应先用同一电源核对 TV 接线正确性，再用不同电源核对相位；③线路充电核相正确后，充电保护退出运行，带负荷进行保护的向量检查，高频保护对调等工作。

2）变压器投运：①新投或大修后更换线圈的变压器应进行五次冲击合闸，未更换线圈的变压器进行三次冲击合闸，冲击充电一般也可利用母联断路器的充电保护。充电时变压器中性点应接地，纵差和重瓦斯等保护均应投入跳闸，零序保护方向元件退出，双台变压器互跳回路停运；②变压器的核相及 TV 二次定相要考虑变压器的特点、三侧并联的变压器其他两侧都要进行定相；③有载调压变压器进行调压试验时要防止过电压；④变压器接带负荷进行保护向量检查。

3）电容器组投运：新投电容器组进行三次冲击合闸。

（6）关于新设备投运后正常运行方式、母线方式及主变压器分接头的规定。

5. 移动变电站管理

近年来为满足大型项目施工用电及用户临时用电需求，移动变电站（以下简称移动变）工程在电网中广泛使用，给电网运行管理带来了诸多问题。

（1）移动前期管理。

1）移动变作为电网发展、建设各阶段所需的过渡设备，各级调控部门应按调度管辖范围，密切配合完成项目规划阶段的各项工作。包括：结合系统网架结构、运行方式及负荷情况对移动变工程必要性提出意见；配合设计单位进行负荷现状分析；对移动变的服役时间及在运期间的负荷预测提出意见。

2）移动变作为接入电网的临时性设备，各级调控中心应结合现有网架结构及远期规划，对其服役期间所带来的网架结构变化及由此产生的各项运行风险做出辨识，并对规划、可研方案提出相关意见。对于短期应急性接入带来的不可避免的运行风险，提前做好事故预想并开展事故处置预演。

3）移动变项目立项阶段，各级调控中心应根据规划方案所接入地域的用户性质、负荷特性开展针对性分析，以此为基础结合远期负荷接入趋势对在运期间设备间隔预留及利用方案提出建议。

4）各级调控机构要密切配合完成移动变可研及初步设计工作。包括：配合设计单位对移动变加装工程主接线方式、投运后系统运行方式，一、二次设备性能要求，基建工程过渡方案，基建施工中相关电网方式调整及安排等方案的确定；提出须与运行系统配合的设备选型意见；提出相应的调控技术支持系统修改和设计方案；参与必要的设备招标选型工作；全过程参与对初步设计方案的论证和评审工作。

（2）移动变投、退运管理。

1）停电计划报送及报备管理。移动变工程施工及投运、退运等工作原则上应按照调管范围纳入所属调度部门的月度停电计划。工程管理相关部门应提前安排工程建设时序和具体工期，每月 10 日前，按要求向所属调度部门报送下个月度移动变工程施工、投产、退运计划。因特殊原因需要紧急投产的工程，应在履行临时计划审批流程后，经检修工作票系统提出工作申请。各级调度部门将移动变工程纳入调度计划后，按照"向上一级调度报备"的原则向上级调度机构报备，即 35kV 移动变工程调度计划向地调报备，110kV 移动变工程调度计划向省调报备。

2）投运资料报送管理。移动变工程投产前，应提前 12 个工作日由工程管理相关部门协调各单位统一向所属调度部门相关专业报送完整的投运资料，包括：移动变工程接入系统可研、设计方案及有效评审意见、系统一次主接线图、设备编号命名申请、继电保护和安全自动装置配置情况及设备说明书、有关新设备参数等新建工程投产必需的管理和技术文件。

3）启动前期及验收管理。①移动变工程启动前期，工程管理相关部门应组织施工单位，配合调度、信通部门开展专业技术准备工作，包括自动化、调控系统信息接入及调试。针对独立运行于变电站外且距离在运变电站较远的移动变，需开通调度电话，完善通信系统。②移动变工程验收阶段，各级调控中心参与投产前验收工作，包括继电保护装置、安全自动装置、调度通信系统、调度自动化设备、电能量采集（TMR）系统和调度监控系统等验收。

4）投运管理。移动变投产前3天，管辖调度发布新设备投运措施。工程管理相关部门应按要求通过检修工作票系统提前2个工作日向管辖调度提出新设备投运申请。新设备投运所涉及的调度各项生产准备工作，如继电保护定值输入、继电保护通道调试、厂站画面等工作由管辖调度相关专业确认完成后，方允许新设备投运。

5）退运管理。移动变设备退运需申报停电检修计划，设备管理相关部门应按照有关要求向所属调度部门正式报告，通过检修工作票系统履行设备退运手续。移动变涉及相关保护定值、自动化系统、电能量采集（TMR）系统、命名编号及调度管辖范围、运行方式安排等应随设备退运同步调整。移动变退运也应按照"向上一级调度报备"的原则及时报备。

（3）一般技术要求。

1）继电保护接入系统要求。移动变保护配置、故障录波器配置、电流互感器和电压互感器配置和选型、保护二次回路等原则上应满足相关要求。如受限于客观条件的特殊情况，至少应满足以下基本要求：①110kV移动变应配置至少一套主后一体或主、后分开的电气量保护装置及一套非电量保护装置；②35kV移动变保护按主保护、高压后备保护、低压后备保护独立配置，各侧后备保护应设置电压闭锁功能；③二次回路等其他部分应满足《国家电网有限公司关于印发〈十八项电网重大反事故措施（修订版）〉的通知》（国家电网设备〔2018〕979号）要求。

2）自动化系统要求。①移动变原则上应满足《电力调度自动化系统运行管理规程》要求，配备必要的自动化设备，实现四遥信息传送，电量信息接入TMR系统。②变电站内或附近移动变可利用原站内调度数据网、对时装置及安全防护设备；独立运行于变电站外，且距离变电站较远的移动变，应配备必要的调度数据网设备和安全防护设备。

第二节　无功电压管理

按调管范围负责电网电压的调整、控制和管理；负责直调范围内系统无功平衡分析工作，并制订改进措施。无功电压调度管理主要内容包括：确定电压考核点、电压监视点，编制季度（月度）、节假日特殊方式电压曲线，指挥直调系统无功补偿装置运行，确定和调整变压器分接头位置，AVC系统运行维护和策略调整，统计考核电压合格率等内容。

一、一般原则

（1）电网无功功率尽量做到分层、分区就地平衡，避免长距离无功功率交换。无功补偿设备应按着分层、分区，就地平衡的原则配置。所谓分层是指承担有功功率传输的220～500kV电网，应尽量保持各电压层间无功功率平衡，防止各电压层间无功功率发生串动；分区是指110kV及以下供电网络，无功功率应分区和就地平衡。

（2）根据电网运行方式、季节性负荷特点以及调压设备的调整能力，按逆调压原则编制季度电压曲线。

（3）凡与发、输、配电设备配套的无功补偿设备、调压装置等均与相关设备同步投产。电网应有足够的无功备用容量，以便在电网需要时能快速增加无功电源容量，保持电力系统的稳定运行。

（4）当两级电压的调整发生矛盾时，按较高一级电压要求进行调整，同时报地调值班调度员，如现场规程另有规定，按现场规定调整。

（5）电网中任一点的电压总谐波畸变率及电压闪变不得超过规定的极限值。应组织有关单位定期（测试周期按技术监督要求执行）按规定方法对谐波及负序情况进行测量与分析，在新建或扩建非线性用电设备或新型大型电容器组接入电网时，均应进行投入点的谐波、负序测量，并将测量与分析结果报调控机构备案。

二、系统电压调整的要求

根据电网逆调压原则，高峰负荷时提高中枢点电压以抵偿线路上因最大负荷时增大的电压损耗，负荷低谷时降低中枢点电压，以防止负荷减小而使负荷点的电压过高。具体调查要求如下：

（1）高峰负荷期间，各母线电压应维持在高限值运行，在未达到相应的高限值前，发电机必须按其运行规程规定带满无功出力，电容器组全部投入运行。

（2）低谷负荷期间，各母线电压应降至相应低限值运行，当电压超过相应高限值，则发电机应高功率因数运行。

（3）特殊情况下（如电网事故、天气变化、节假日等）值班调度员有权修改电压曲线，各单位应按照修改后的电压曲线进行调整。

（4）主网监视点和控制点的电压偏离电压曲线±5%的延续时间不得超过 60min；偏离电压曲线±10%的延续时间不得超过 30min；超出上述规定的电压数值、规定的时间，将统计为电网一类障碍。

三、系统无功、电压控制要求

1. 电压调整范围

（1）110kV 母线电压控制在 110～117kV 内。

（2）35kV 母线电压控制在 35～38.5kV 内。

（3）10kV 母线电压控制在 10～10.7kV 内。

（4）6kV 母线电压控制在 6～6.6kV 内。

2. 电压控制手段

从系统角度考虑，调整电压的方法可以理解为：增减系统的无功功率、调整系统间有功功率与无功功率分配、改变系统间参数、实施负荷调控。主要包括以下措施：

（1）调整发电机励磁电流。

（2）投入或停用补偿电容器和低压电抗器。

（3）调整变压器分头位置。

（4）调整风电场和光伏电站风电机组或并网逆变器的无功出力，投切或调整无功补偿设备。

（5）调整电网运行方式。

（6）对运行电压低的局部地区限制用电负荷。

3. 功率因数调节要求

（1）功率因数调整按季度曲线规定高峰、低谷值执行，高峰时不应低于限值，低谷时不应高于限值。

（2）末端变电站不允许向系统倒送无功。

四、AVC 系统技术控制措施

（1）电网正常运行方式下，应严格执行《电网季度电压及功率因数调整曲线》进行调整，原则上 AVC 具备闭环运行能力的变电站应将 AVC 投入闭环运行，否则人工调整。

（2）当电网运行方式及负荷变化很大，导致某 220kV 供电小区按《电网季度电压及功率因数调整曲线》调整后，不能满足该小区所辖 110kV 站电压质量要求时，应根据值班调度员命令进行 220kV 变电站电压调整。

（3）对于 AVC 系统投入闭环运行厂站，由 AVC 系统确保电压及功率因数的调整。但当电压或功率因数出现越限而 AVC 系统出现闭锁时，应适当进行人工干预。

（4）对应未接入 AVC 系统厂站，应结合变电站负荷功率因数及电压情况及时正确调整主变压器分头和控制电容器组的投切，保证当地负荷功率因数及电压质量满足指标要求。

（5）分析了解变电站负荷性质，逐步摸索并掌握负荷及电压变化规律，采用科学的方法进行电压及无功调整，克服"高峰投入、低谷退出电容器组"的盲目调压方法。具体控制要求如下：

1）应注意监视负荷"爬坡"时的电压情况（5：00～7：00），确保各级电压不越下限。

2）在掌握各站负荷变化规律的基础上，及时对电压无功进行调整，禁止出现主变压器接近满载时"调压"情况发生。

3）220kV 主变压器高压侧功率因数应 $\cos\varphi \geqslant 0.95$；110kV 变电站应保证 110kV 进线潮流功率因数 $\cos\varphi \geqslant 0.95$（35kV 母线有并网发电机的除外）；35kV 母线电压应控制在 35～38.5kV 范围内，10kV 母线电压应控制在 10～10.7kV 范围内；110kV 变电站还应负责监视 35kV 出线潮流功率因数 $\cos\varphi \geqslant 0.95$，10kV 出线潮流功率因数 $\cos\varphi \geqslant 0.90$，对一段时期内达不到指标要求者（按月累计），应进行统计上报。

4）35kV 变电站应保证 35kV 进线潮流功率因数 $\cos\varphi \geqslant 0.95$；10kV 母线电压应控制在 10～10.7kV 范围内；此外，还应负责监视 10kV 出线潮流功率因数 $\cos\varphi \geqslant 0.90$，对一段时期内（按月累计）达不到指标要求者，应进行统计上报。

（6）节假日期间，由于电网负荷低造成 220kV 电压偏高时，如果 110kV、35kV、10kV、6kV 母线电压调整后，仍超越上限，可降低功率因数指标要求进行电压调整，确保电压质量合格。

（7）应注意天气变化情况，大雾天气，为防止大面积污闪情况发生，各电压等级电压应保持低限运行；对于可能发生大面积污闪的特殊区域，监控员应按调度令调整电压，值班调度员应将上述调整情况上报方式计划室。

五、地区无功电压专业管理

加强无功电压管理，建立无功电压"日分析、周通报、月总结"机制，深入挖掘AVC运行数据，通过加强电压监控调整、优化调整AVC策略、全面梳理AVC闭锁信息、合理调整运行方式、强化缺陷闭环管控等手段，实现了无功电压的规范化管理，有效提升了AVC系统调节品质。

（一）专业管理的目标描述

1. 专业管理的理念或策略

电网无功补偿遵循"分层分区、就地平衡"的原则，调控机构按照调度管辖范围负责电网电压调整、控制和管理；负责直调范围内系统无功平衡分析工作，并制订改进措施。当电压超出合格范围时，应调整AVC系统策略，加强人工调整，确保主变压器有载调压分头正常动作和无功补偿装置正常投切。

为确保电压质量合格，贯彻落实国网及省公司无功电压管理的要求，深入分析电网无功电压管理现状，强化电网无功电压治理工作及无功电压设备消缺工作，详细制订无功电压调整的技术措施和管理办法。

2. 专业管理的范围和目标

（1）专业管理的范围。本指导意见适用于国网公司下属各供电公司无功电压管理工作。

（2）专业管理目标。实现无功补偿遵循"分层分区、就地平衡"，满足各电压等级电压质量要求。

3. 专业管理的指标体系及目标值

设定量化指标，形成管理指标体系。指标体系与目标值见表2-1。

表 2-1　　　　　　　　　　　　　指 标 体 系 与 目 标 值

指标名称	指标意义及说明	目标值
主网电压合格率	考核点电压合格率等于总考核点电压合格点数与总考核点电压监测点数之比，用百分数表示	100%
10kV 母线电压合格率	考核点电压合格率等于总考核点电压合格点数与总考核点电压监测点数之比，用百分数表示	≥99.5%

（二）专业管理内容

1. 专业管理工作流程图

电网无功电压运行管理（110kV 及以上）工作流程图见表2-2。

表 2-2 　　　　　　　　　电网无功电压运行管理（110kV 及以上）

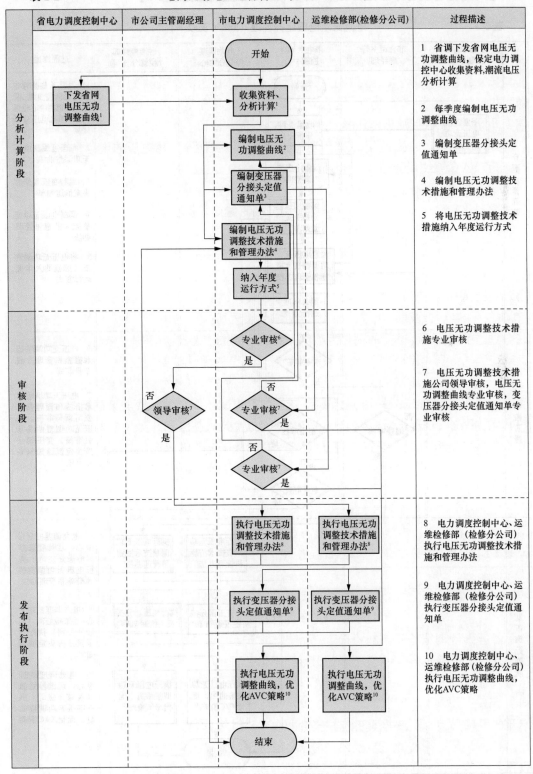

电网无功电压运行管理（35kV 及以下）工作流程图见表 2-3。

表 2-3 　　　　　　　　　　电网无功电压运行管理（35kV 及以下）

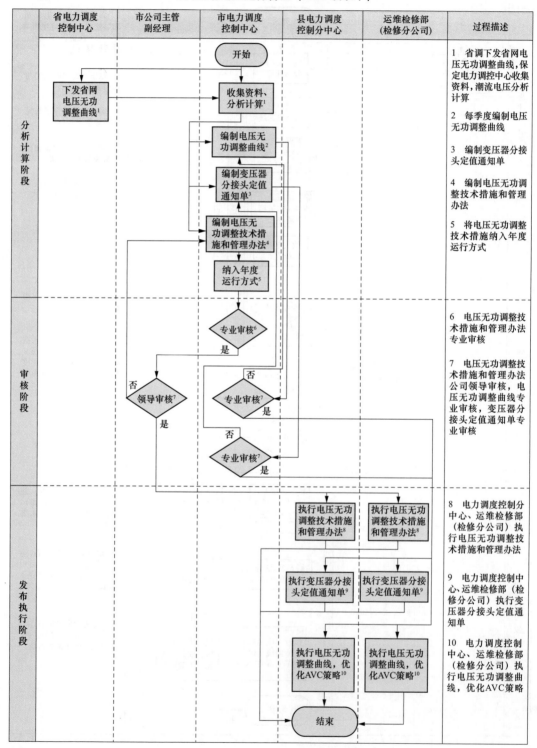

2. 主要管理流程

"大运行"实施后，县公司无功电压管理职责上划，调控中心根据岗位职责和电压等级分别制订了电网无功电压运行管理（110kV及以上）、电网无功电压运行管理（35kV及以下）工作流程图，对无功电压运行情况统一管理。依托D5000系统和OMS全电网运行数据统计功能，紧盯无功电压运行情况，根据上级电压曲线和实际运行中发现问题开展分析计算，制订无功电压调整措施，督促相关部门落实，保证无功电压运行水平运行正常，确保主网电压合格率及10kV母线电压合格率满足省调要求。

（1）分析计算阶段。按照管辖范围，负责电网110kV及以上、35kV及以下无功电压运行管理工作。主要工作内容为：

1）收集AVC运行数据和指标运行情况，开展分析计算工作。结合无功电压历史运行数据，有针对地制订解决对策。

2）每季度编制《地区电网电压无功调整曲线》，对220kV变电站110kV母线电压分时段规定电压限值及功率因数，报送相关专业审核。

3）对于因主变压器中、低压侧调压矛盾的变电站，深入分析原因，查看变电站主变压器型号、分头位置等基础资料，与运检部门专业沟通，对于可通过改变主变压器中压侧分头位置消除调压矛盾的，编制《变压器分头定值通知单》，报送相关专业审核。

4）编制电压无功调整技术措施和管理办法。优化调整AVC控制策略，调整运行方式，加强监控调整，不断提升电压质量和管理水平。

5）统计电网无功配置，并开展电压无功分析，针对电网无功电压存在问题提出不同解决对策，并纳入年度运行方式。

（2）审核阶段。分别对《地区电网电压无功调整曲线》《变压器分头定值通知单》开展专业审核，对于电压无功调整技术措施和管理办法，经专业审核后上报公司领导审核，审核通过后由相关部门执行。

（3）发布执行阶段。调控中心、运维检修部、县调控分中心等单位，按照责任划分，执行电压无功调整技术措施和管理办法、《地区电网电压无功调整曲线》《变压器分头定值通知单》，确保各电压等级满足电压质量要求。

（4）关键节点说明。"大运行"改革以来，县公司调控管理职责上划市公司统一管理，针对无功电压管理分析计算阶段深入挖掘AVC历史运行数据，先后发布了《关于开展电网无功电压治理工作的通知》，制订了无功电压调整的技术措施和管理手段，对实际工作中遇到的电压越限问题提出不同的处理办法，具有较高的实际指导意义。无功电压管理主要做法如下：

3. 优化AVC系统控制策略

（1）电压瞬时越限问题。因负荷变化过快、AVC动作滞后等原因，现实中常出现某时段电压瞬时越限的现象。针对以上情况，可详细划分控制时段，对某重点时段设定特殊控制限值。可在负荷快速增长前调高前一特定时段电压最低限值，在负荷快速下降前降低前一特定时段电压最高限值，有效避免负荷增长过快而导致的设备闭锁调压，确保AVC提前动作，满足电压正常范围运行水平。

（2）动作次数达到设定限值而导致设备闭锁问题。通过日分析，及时掌握变电站的主变压器分接头、电容器动作情况，对于日动作次数达到或接近限值的主变压器、电容器逐个分析原因，及时优化放宽电压限值，减少动作次数。针对部分变电站重负荷或负荷上涨、下降变化较快的情况，优化上级 220kV 变电站 110kV 侧母线电压，实现厂站间的调压配合，减少设备不必要动作次数，提升调节质量。与运检部沟通，详细了解设备运行情况，对于设备运行水平较高的变电站，适当增加不同时段主变压器或电容器动作次数，在确保设备运行安全的前提下充分发挥 AVC 自动调节能力。

（3）折返率过高问题。实际工作中常遇到当前电压越下限，AVC 投入电容器后造成无功过补又切除电容器的现象，其可能原因是电容器无功补偿容量计算参数不准确，直接影响到 AVC 系统控制策略。应结合日动作分析，详细梳理厂站设备的系统参数，确保基础数据准确。此外，还应针对折返调节较高的变电站，查找这些变电站负荷变化、电压变化规律，以及是否存在电压调整与功率因数控制相冲突的策略，采取针对该类变电站的单站策略，从而降低折返调节情况的发生。

（4）主变压器中低压侧母线调压矛盾问题。部分 220kV 或 110kV 变电站，因主变压器中低压母线负荷分配不均，存在中低压侧母线一侧负荷较重，电压偏低，同时另一侧负荷较轻，电压偏高的现象。例如：110kV 大册营站 10kV 负荷较重，35kV 母线空载，导致 10kV 电压低、35kV 电压高同时存在。针对此类现象，可设定特殊控制策略，统筹兼顾，适当放宽 35kV 母线电压，提高 10kV 母线电压限值，最大限度减少电压越限时间。

（5）结合周分析，及时掌握一个时间段内的设备动作情况。针对部分变电站出现的短期大负荷情况，及时优化控制策略，调整电压及功率因数限值，设置特殊调节策略，实现以功率因数调节为依托，变电站高峰负荷时电容器可靠投入，低谷负荷时合理退出的机制。

（6）依托月分析，结合设备动作次数、电压合格率、功率因数三方面数据，及时分析挖掘设备整体动作情况，针对设备拒动较多的情况进行统计，联合自动化、监控、运检部进行设备缺陷排查，及时发现设备拒动原因，及时排除设备缺陷，确保 AVC 系统的可控、能控与在控。

（7）对于春灌、夏季、冬季大负荷期间，开展特殊时段动作分析，结合电压合格率、功率因数，对存在问题的部分厂站开展策略探寻，对于主变压器设备参数不一致（低压侧额定电压不一致等）引发的设备超调或不调进行特殊处理，确保厂站的可靠动作及时，进一步提升 AVC 控制水平。

（8）针对县公司 AVC 系统运行情况，由市公司统筹安排，与各县市公司共同配合分析，开展电压限值、动作次数的特殊定义，实现农网 AVC 电压控制水平提升，确保农网电压合格率在较高水平运行。

4. 电压监控调整

（1）对于 AVC 控制策略引发的电压越限，地县调监控应加强人工干预，同时向地调无功电压管理专责或县调相关人员反映，由地调统一指导优化 AVC 控制策略。

（2）由于负荷原因或者存在调压矛盾而导致电压越限的变电站，各级监控制订重点站监控明细，结合各站负荷变化规律，确定电压越限时段，做到重点站、重点时段、重点监视、提前调整。

（3）对于县调管辖设备，因缺陷导致本站无调压手段时，县调可向地调提出申请，由地调监控班协助调整上级 35kV 母线电压。当调整上级电压仍无法满足电压要求时，县公司立即通知运检分部现场调压，运检分部应合理安排人员，结合工作计划，利用日常巡视、到站操作的机会现场调压，降低电压越限时长，最大程度上提升电压合格率。

（4）部分变电站主变压器中低压侧存在调压矛盾现象。例如：220kV 雄州站主变压器中压侧 110kV 母线负荷过重，且雄州小区 110kV 变电站多为辐射供电方式，无法有效倒供至其他供电区供电，110kV 母线电压低限运行。主变压器低压侧负荷相对较轻，10kV 母线电压高限运行。110kV 上陈驿站处于线路末端，10kV 负荷小，在电容器全部退出，主变压器分接头降为最低档的情况下，10kV 电压仍然较高。面对此类问题，应加强人工监控，考虑是否可以调整上级站母线电压。此外，还应从规划上考虑，逐步消除。针对上陈驿站负荷小、电压高无法调节的现状，从规划上考虑负荷倒供，将其他站 10kV、35kV 负荷倒至上陈驿站供电；雄州小区 110kV 负荷过重，建议规划新的 220kV 电源点或 110kV 线路，将雄州小区负荷倒出。

5. AVC 闭锁信息的全面梳理

全面梳理因拓扑异常、电压异常、电压不刷新、拒动、动作次数越限、主变压器过载、设备缺陷人工挂牌等 AVC 告警闭锁信息，逐一核对人工挂牌闭锁设备，及时解除设备闭锁。对于 AVC 闭锁信息，由自动化人员每日巡视，及时消除因模型问题拓扑异常等原因导致的设备闭锁；对于并列主变压器错挡引起的设备闭锁，及时通知监控人员调整主变压器分接头位置；对于因设备动作次数越限等 AVC 策略引起的闭锁，由自动化人员及时告知地调无功电压管理专责调整策略。对于因电压异常、保护装置异常等原因引起的闭锁要告知监控值班员，由监控及时报缺处理。

6. 运行方式的合理调整

（1）合理调整变电站主变压器中低压侧母线运行方式，可将母线运行方式由分裂运行改为分开运行，消除因无功补偿装置缺陷或主变压器有载调压异常等引起的电压越限。

（2）针对 110kV 主变压器中压侧母线电压异常的情况，合理安排工作计划，下发《主变分头改变通知单》，停电调整主变压器中压侧分接头位置，消除主变压器中压侧长期偏高（偏低）的现状。110kV 站，通过降低主变压器中压侧分接头位置，35kV 母线最高电压由 39kV 将至 38kV 以下，优化了农网 35kV 电压水平，有效改善了农网 35kV 站电压质量。此外，在变电站初设时还应向规划部门提出相关建议，应考虑 110kV 变电站主变压器中压侧额定电压比，避免中压侧额定电压过高引起的方式调整不灵活、导致主变压器中压侧母线越高限的现象。

7. 缺陷闭环管控

主变压器有载调压装置及无功补偿设备缺陷直接影响到电压合格率指标。地县调与运检部协调，共同制订缺陷"报送、跟踪、反馈、核对"机制，明确缺陷处理责任单位的相关措施。具体内容为：

（1）各级监控发现调压设备缺陷时应及时报运检部处理。

（2）对于自动化设备缺陷，自动化专责应对设备缺陷进行分类排序，优先消除对电压影响程度较大的缺陷。

（3）根据设备消缺难度及对电压质量提升的影响程度，分阶段优先完成重点变电站的无功设备缺陷治理，分别逐一明确缺陷的类型、责任单位、所属专业、消除情况及计划安排。缺陷消除后，重新核对已消缺设备是否摘牌，设备是否正常投入运行。根据当前各站电压指标运行情况，适时调整消缺顺序，对于不涉及停电的电容器等设备缺陷，结合到站机会一并处理。

（4）在迎峰度夏、度冬等大负荷关键时期，将无功电压设备缺陷处理提升一个等级。对于可处理、难度不大的缺陷立即处理；对于短期无法消缺的，报送大修技改储备项目，尽早完成消缺任务，确保无功电压水平满足要求，不断降低线损，提高电网运行经济效益。

第三节　调度计划及设备检修管理

调度计划包括发输电计划和设备停电计划，分为年度、月度、周、日前停电计划及停电工作票四个时间纬度。按照安全运行、供需平衡和最大限度消纳清洁能源的原则，统筹确定年度、月度、周、日前发输电计划及设备停电计划。设备停电按性质划分为计划停电、临时停电、紧急停电：①计划停电指纳入月度设备停电计划，并办理停电检修申请票的设备停电工作；②临时停电指未纳入月度设备停电计划，但办理停电检修申请票的设备停电工作，任一设备在连续 6 个月周期内，重复停电视为临时停电；③紧急停电指设备异常需紧急停运处理以及设备故障停运抢修、陪停等由值班调度员批准的设备停电工作。

一、调度计划

（一）年度调度计划

（1）年度发输电计划必须通过调控机构安全校核。

（2）年度停电计划应统筹考虑电网基建投产、设备检修和基础设施工程等因素，并以相关文件为依据。

（3）年度停电计划原则上不安排同一设备年内重复停电；对电网结构影响较大的项目，必须通过专题安全校核后方可安排。

（4）调控机构负责编制所辖电网年度停电计划，220kV 及以上主网设备年度停电计划需报请上级调控机构批准后实施。县（市、区）调负责编制所辖电网管辖设备年度停电计划。年度停电计划下达后，原则上不得进行跨月调整。如确需调整，须提前向相关调控机构履行审批手续。

（5）年度发电计划（包括大用户直购电等交易）必须纳入相应调控机构管理，年度发电设备检修计划应考虑分月电力电量平衡等，经统筹平衡后，按调度管辖范围发布。

（6）每年 9 月 15 日前，各有关单位向相应调控机构报送次年度输变电设备大修技改、清扫试验、继电保护和安全自动装置校验检修计划、新建、扩建、改建工程计划、发电设备检修计划、分月负荷预测等。

(二) 月度调度计划

1. 月度停电计划

(1) 月度停电计划以年度停电计划为依据，未列入年度停电计划的项目一般不得列入月度计划。对于新增重点工程、重大专项治理等项目，相关部门必须提供必要性说明，并通过调控机构安全校核后方可列入月度计划。

(2) 地调负责编制所辖电网月度停电计划，220kV及以上主网设备月度停电计划需报请省调批准后实施。县调负责编制所辖设备月度停电计划，停电计划须经安全校核通过后方能发布。

(3) 月度停电计划须进行风险分析，制订相应预案及预警发布安排。对可能构成一般及以上事故的停电项目，须提出安全措施，并按规定向相应监管机构备案。

(4) 每月2日前（各相关单位应根据年度调度计划向地调报送次月省调直调和许可的输变电设备停电及基建投产计划、发电设备检修计划，地调结合电网情况统一平衡后报送省调，省调批准后方能实施。新、改、扩建工程施工停电对上级电网运行有较大影响时，设备运维单位应提前2个月向所属调控机构提供停电配合施工方案，并通过调度机构逐级上报，经批准后实施。

(5) 每月10日前，各相关单位应根据年度调度计划向地调报送次月地调调度计划业务管辖范围内输变电设备检修计划、新建、扩建、改建工程计划、对电网有影响的有关试验、技改工作安排，地调结合电网情况统一平衡后予以发布。

2. 月度发电计划

(1) 根据本网发电资源、负荷预测、安全约束、电力电量平衡、通道设备停电检修计划，并合理预留调峰、调频资源后，确定月度发输电计划安排。地调编制的直调发电机组组合报省调核备。

(2) 可根据电网安全约束、全网电力电量平衡、清洁能源消纳需求等因素，调整地区电网月度发电机组组合。

(3) 地调按照直调范围制订并发布月度发输电调度计划。

(三) 周停电计划

(1) 周停电计划的编制，应以月度停电计划为基础，原则上不安排未列入月度停电计划的项目，周停电计划必须进行安全校核。

(2) 周计划日期为下周一至下周日。

(3) 各单位于每周一12点前上报周计划。遇有长假时，应申报下两周的计划。周计划包含输变电设备检修计划、新（扩、改）建工程计划、设备更名计划及其他要求（送电要求、工期等）。

(4) 各单位上报周计划时，应将相关的安全组织技术措施、施工方案等随周计划同时上报。

(5) 地调于每周一下午召开周计划协调会，于每周二12点前经地调相关专业讨论后确定。

（6）周计划经有关领导批准后在每周四上午 10 点前（之前为 12 点前）发布。

（四）日前调度计划

1．日前停电计划

（1）日前停电计划的编制，应以月度停电计划为基础，原则上不安排未列入月度停电计划的项目，日前停电计划必须进行安全校核。

（2）各有关单位应根据月度停电计划，向相应调控机构提交检修申请票，检修申请票须逐级报送。

（3）紧急停电可直接向相应调控机构值班调度员提出，并由其批复。

（4）设备计划检修因故不能按期开工，应在设备预计停运前 6 小时报告值班调度员。计划检修如不能如期完工，必须在原批准计划检修工期过半前向调控机构申请办理延期手续，延期申请只允许办理一次。

2．日前发输电计划

（1）各调控机构开展日前系统负荷预测、日前母线负荷预测，并按要求报上级调控机构，负荷预测准确率及合格率应符合相关规定。

（2）地调综合考虑电网安全约束、负荷预测准确率等因素，下达次日发电计划。

（3）地调管辖电厂、各县（市）调、营销部门应在节假日前 10 日向地调报送节日机炉消缺计划、节日有功负荷曲线、大工业用户停开计划及具体负荷、可供节日限电的拉路序位。根据上述资料及营销部门提供的预测负荷，地调参与审核节假日调度计划。

（4）值班调度员有权根据电网实际运行情况对日前调度进行调整。

（五）调度计划的安全校核

（1）年度计划须根据年度方式和有关规定，结合分月负荷预测进行安全校核，编制年度停电计划风险分析报告。

（2）月度计划须结合分日负荷预测和机组组合，进行典型断面潮流下安全校核，编制风险分析报告，制订月度风险预警发布计划；每周四发布下一周电网运行风险预警通知书，并制订安全风险防控措施。

（3）日前计划应结合次日 96 点负荷预测进行安全校核，编制风险点提示，并制订电网安全措施。

二、设备检修管理

（1）设备检修应由设备运维单位按规定格式向相应调控机构提交检修申请票。

（2）检修申请票的开工、竣工手续，均由设备运维单位向所属调控机构值班调度员、输变电设备运维人员、厂站运行值班人员向相应调控机构值班调度员办理。

（3）设备临时停电，运维单位需提供书面情况说明，分报相应调控机构和运维管理部门，并附送本单位领导意见。

（4）设备紧急停电，运维单位应在设备停运 4h 内补办检修申请票。

（5）设备恢复送电时，如需进行试验（冲击、核相、保护相量检查、带负荷试验等），应将试验方案与检修申请票一并报相应调控机构。

（6）输变电设备带电作业，按直调范围经相应调控机构值班调度员同意后进行；需停用重合闸的，应向相应调控机构提交检修申请票。国调及华北分中心调管范围的输变电设备带电作业，应按规定向省调提交检修申请票。

（7）带电作业应在良好的天气下进行，如遇雷雨、大风、雪、雾或者不符合带电作业要求时应立即停止作业。

（8）设备检修时间的计算：机炉是从系统解列或停止备用开始；电气设备是从值班调度员下达第一项停电调度操作指令开始，到设备重新正式投入运行或根据调控机构要求转入备用为止。

（9）禁止在未经申请、批准及下达开工令的已停电设备上工作。禁止约时检修或停送电。已批准检修的设备在预定开始时间未能停下来，原则上应将原检修时间缩短，而投入运行的时间不变。

（10）在设备检修期间，因系统特殊需要，值班调度员有权终止检修或缩短检修工期，尽快使设备投入运行。

三、调度计划及设备检修专业管理

电网规模高速发展使得各级工作人员工作强度日益增大，如何通过合理整合检修资源避免重复性停电，并分析电网承载能力降低工作中电网、设备、人员风险，已成为当前需要面对的课题。为实现停电计划统筹协调、全面防控电网风险及服务于电网发展建设大局的目的，通过对检修资源的管理及停电计划的动态优化调整，充分发挥调度计划统领作用，并利用对停电设备的滚动校核及停电资源的有效整合，有效避免了重复性停电。通过在检修资源整合中加入对电网承载能力的分析，在确保电网、设备、人员安全的基础上，有效地提高了各类检修资源的利用效率，实现了精益调度与停电计划编制业务的融合，使专业管理向精益化迈进，对停电计划管理工作具有现实指导意义。

（一）专业管理的目标描述

1. 专业管理理念

为贯穿"一张网"理念，在计划编制过程中，建立"纵向层级沟通，横向多元协调"沟通机制，以主网为核心，在各部门内部设专人负责协调，由调控中心统一平衡、优化，将停电资源整合协调工作分化在各层级间，大幅提高停电资源整合效率，强化了计划的刚性执行。同时主网、农网、配网三级，每级由专人平衡管控，农、配网依据主网工作安排停电计划，三级配合规避重复停电，有效提高检修效率和服务水平。

此外，为加强年度、月度停电计划精益管理，地调在根据"停电窗口"安排和各项重点工作进展的基础上，综合考虑各季节、天气及电网、人员承载能力等相关因素，提前分析各月工作安排，对公司年度计划进行动态优化调整，优先将可以调整的大型工作提前进行平衡消化，避免了由于工作集中开展而造成的电网、人员承载力不足及电网运行风险增加等问题，同时通过对检修资源的合理利用，切实做到了电网设备一停多用、综合检修的原则要求，从一定程度上提高了年度、月度计划执行效能。

2. 专业管理范围和目标

（1）专业管理范围。本管理模式适用于地、县（市、区）公司调度管辖范围内的主网、农网和配网停电计划管理工作。

（2）专业管理目标。在对电网承载力充分分析的基础上，通过全面整合停电资源及停电计划的动态优化调整，达到提升停电计划执行率、减少停电次数、缩短停电时间、提升优质服务水平的目标。

3. 专业管理的指标体系及目标值

停电计划的管理水平直接影响停电计划综合评价指数，通过完善停电计划的分层分级管理及停电计划的动态优化调整能够有效地把控停电计划执行率指标，从而为提升停电计划执行率夯实基础。停电计划指标体系及目标值见表 2-4。

表 2-4 停电计划指标体系及目标值

指标名称	指标要求	目标值
停电计划综合评价指数	省公司要求不低于 95%	停电计划综合评价指数 100%

（二）专业管理内容

1. 专业管理工作流程图

（1）调度计划承载力分析流程见表 2-5。

（2）调度计划重复性停电管控流程见表 2-6。

（3）主要流程说明。

1）调度计划承载力分析流程说明如下：

a. 停电计划收集上报。各计划申报单位集各自停电计划并对各自工程进度、物资情况及车辆、人员承载能力进行分析，并进行部门内部平衡，结合分析、平衡结果对停电计划进行调整，上报至调控中心。

b. 停电计划平衡发布。调控中心计划编制人员对停电计划中涉及的电网风险、运行方式、设备承载力方面的因素进行分析，从公司整体计划角度考虑电网工作计划安排的安全性、合理性。调度、监控人员针对停电计划中所涉及的工作量进行分析，结合自身人员承载能力，对停电计划的安排给出专业意见。调控中心计划编制人员统筹考虑电网、设备、人承载能力，协调各计划申报单位对计划进行合理调整。计划调整完成之后，调控中心组织相关部室讨论制订计划、上报省调。调控中心结合省调设备平衡后的计划对公司计划进行平衡调整，并引发公司停电计划。

c. 停电计划执行。各计划申报单位接收并执行公司停电计划。同时，各单位结合计划停电工作和日前工作对人员承载能力进行再次评估，并进行相应的人员调整，保证工作能够按期完成。工作完成之后，各单位分别对停电计划工作的人员承载能力进行评价，依据评价结果指导下次停电计划的编制，并按停电计划统计周期，将停电计划完成情况上报调控中心。

d. 停电计划评价改进。调控中心统计公司整体及各部门的计划执行情况，根据计划执行率及各部门完成情况，对由于承载力不足导致的延期送电、工作取消等情况进行分析、评价，对涉及的相关部门提出考核意见，定期编制分析报告并召开计划协调会将考核结果进行通报，并对其提出改进意见。最后将停电计划归档保存。

表 2-5

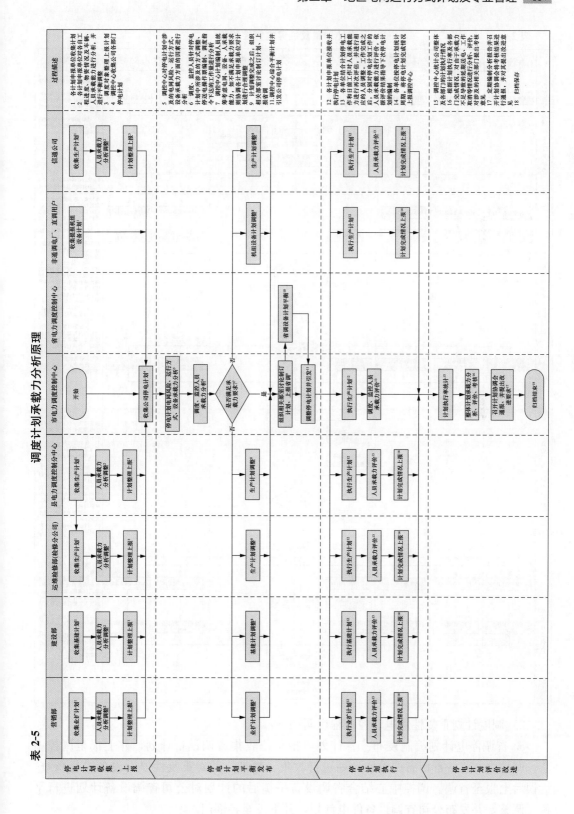

表 2-6 调度计划重复性停电管控流程

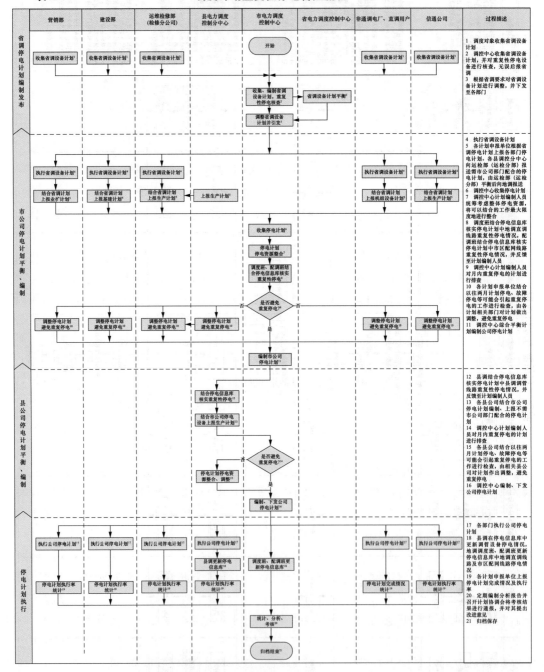

2）调度计划重复性停电管控流程说明如下：

a. 省调停电计划编制发布。各计划申报单位收集省调设备计划，并上报至调控中心。调控中心将各部门省调设备计划进行收集、整理，并对重复性停电设备进行核查，无误后上报至省调。调控中心结合省调设备平衡后的计划对公司省调设备计划进行平衡、调整，并发布公司省调设备停电计划，并下发至各部门。

b. 市公司停电计划平衡、编制。公司各部门执行省调设备计划，并根据省调停电计划上报各部门停电计划。各县调控分中心向运检部（运检分部）报送需市公司部门配合的停电计划，由运检部（运检分部）平衡后向地调报送。调控中心在收集停电计划后，统筹考虑整体停电资源，将可以结合的工作进行整合，调度班、配调班结合停电信息库核实停电计划中市区配网、地调直调线路重复性停电情况，并反馈至计划编制人员。各计划申报单位对可能会引起重复停电的工作进行检查，由各计划相关部门对计划作出调整，避免重复停电。调控中心综合平衡停电计划，编制公司停电计划并下发至各县公司。

c. 县公司停电计划平衡、编制。各县公司结合市公司停电计划编制、上报不需市公司部门配合的停电计划。调控中心计划编制人员对月内重复停电的计划进行排查，各县公司结合停电信息库核实以往两月计划停电、故障停电等可能会引起重复停电的工作进行检查，并对计划作出调整，避免重复停电。随后调控中心编制、下发公司停电计划至各部门。

d. 停电计划执行。公司各部门执行公司停电计划并上报停电计划完成情况及执行率。县调、地调调度班、配调班更新停电信息库中调管设备停电情况。调控中心定期编制分析报告并召开计划协调会将考核结果进行通报，并对其提出改进意见。最后将停电计划归档保存。

2. 创新做法

(1) 全面实现检修物资管理及停电计划动态优化调整，发挥调度计划统领作用。

在以往停电计划编制过程中，由于受天气、工程进度、物资到货情况、人员承载力等不确定因素影响，停电计划被动取消及调整等情况时有发生。为发挥停电计划对公司生产工作的统领指导作用，积极并全面地把控公司全年整体生产节奏，建立了"纵向层级沟通，横向多元协调"的沟通机制。在年度设备停电计划编制前，提前组织发策、运检、基建、物资、营销部门人员进行沟通协调，对省调停电计划和公司年度重点项目及专项工程进行逐一详细梳理，了解并把控重点工作及重点项目整体进展，并初步落实相关工作的施工物资到货安排及工程项目投产节点，进而调控中心根据省公司停电计划、公司整体重点建设项目安排及对电网运行方式影响进行统筹规划，构建市公司年度计划主架。

在年度计划编制过程中，例如河北南网，考虑其"三峰三谷"的年度负荷特性、常年气象条件以及多年形成的工作节奏等影响，依据"春节前后、春末夏初（春检）、迎峰度夏、夏末冬初（秋检）、迎峰度冬"五个"年度停电窗口"工作安排原则，定期组织以上相关人员召开计划协调会，对年度重点项目、专项工程物资到货情况、工作进度、投产节点进行反复监督、校核，并对停电计划安排进行动态调整。此外，通过协调会调控中心实时掌握年度基建、检修、预试、大修技改、业扩工作计划，将各部门的相关工作计划与公司各项重点工作及年度停电窗口相结合。各部门在充分考虑电网风险、运行方式、设备条件、人员、物资、车辆等检修资源的基础上充分进行横向沟通，将停电计划中需要配合的工作进行有效整合，提高了检修资源的配置效率。

在年度设备停电计划整体平衡过程中，地调遵循"避峰就谷，因事而宜"的总体原则，对主、农配网工作中的各类检修资源进行了统筹安排。度夏、度冬期间避免安排造成变电站220kV单电源、单母线运行和影响供电能力及事故方式下设备超稳定极限运行的检修工作。春检期间，正值各地春灌用电高峰，停电任务以工时较短、对供电影响小的检修试验为主。秋检期间,设备到货率高,大修技改集中开展。由于基建工程影响因素较多,相对不确定性较大,地调在安排基建工作时以度夏专项工程、年度里程碑计划为重点,以春、秋两季为主,充分利用了春节前后、春检、秋检年度停电窗口,同时拓宽春节前后、非保电节假日和度夏雨后负荷较低等时段的应用,纳入"停电窗口"资源,适当增加可供利用的作业时间,在降低工作强度和安全风险的同时,适度安排工期较短的生产、基建等工作。县公司35kV、10kV设备停电计划以主网安排为主线,纵向协调并开展一拖多式的停电工作,其他设备停电结合各自整体安排及负荷条件辅助开展。

在计划编制及执行过程中,地调计划编制人员通过根据各相关部门给出的合理化建议,综合考虑各季节、天气及电网、人员承载能力等相关因素,进一步梳理年度计划中各月工作的工作量及电网风险,再次根据"停电窗口"安排对各类检修资源进行实时校核及动态优化调整,优先将具备条件且可调整的大型工作在原定计划日期之前进行平衡消化,并在停电计划工作的工作时间最终确定后,按照"停电计划综合评价指数"要求对各部门进行监督、考核,保证停电计划的刚性执行。

建立由地调为主导、公司各部门间层级协同配合的工作机制,并完善停电计划平衡、编制、执行、监督、考核的闭环管理流程,通过对各类停电计划影响因素的提前把控及整合,最大限度地摆脱了停电计划受限于工程进度、物资到货、人员承载能力等因素的影响,通过对停电计划的动态优化管理达到了对各类停电资源的有效整合的目的,实现了省、地、县三级调度设备的检修资源管理。同时还化被动为主动,最大限度地发挥了调度计划的统领作用,全面把控了全年整体生产节奏,从根本上提高了年度、月度计划执行效能,确保了停电计划的刚性执行。

(2)开展停电设备全方位滚动校核,统筹推进停电资源整合联动协作机制,有效避免重复性停电。

为严控重复性停电,从始至终贯穿"一张网"的全局理念,以地调为主导,分为主网、农网、配网三级管理,农、配网以主网为核心安排停电计划,每级都由专人平衡管控,三级配合对停电资源进行统筹整合、规避重复停电,实现停电计划全区域覆盖、全电网统筹高效管理。

同时,按照设备调管范围划分,由地调调度班、配调班及县调建立各自调管设备停电信息库,将计划安排、上级电源停电、设备故障、有序用电、避险拉路等原因造成的35kV、10kV线路停电设备按照时间、次数、时长等进行更新。在计划编制过程中由地调调度班、配调班及县调分别对计划中的地调直调线路、城区配网线路、农网线路重复性停电情况,按照严禁将同一设备3个月内安排2次及以上的原则对计划专业安排的月度计划采取3个月校核,并且在每周上报的下周计划中再次进行滚动校核,指导停电计划的编制。同时,为落实停电计划管理全覆盖,地调始终贯彻低压(0.4kV电网,含配电变压器)停电计划备案制,城区配网、县域配网低压计划分别由设备运维单位、县调控分中心计划管理人员每月随月计划报送至市调控中心和供电服务指挥中心相关专责备案。该方法不仅避免了由于计划安排造成的重复性停电，而且最大限度地掌握了设备停电情况，防止了非计划性停电后短期内仍安排计划的情况，使粗放管理模式精益化，最大限度避免重复性停电的发生，提升了优质服务水平。

此外，为整合停电资源，减少停电时间，地调本着"计划停电，方案先行"原则，大力加强计划停电管理，通过制定评价准则、建立管理制度、推行目标管理、加强过程管控、进行诊断分析、开展人员培训、实施评价与考核等内容，逐步建立、完善建设、改造、运行、检修、物资工作协同机制。按照"一停多用、逢停必修、修必修好"的工作原则，提前优化停电计划方案，充分利用一次停电机会，统筹优化输、变、配电所有设备的检修安排，将多次停电作业集中实施。确保生产检修与基建、技改、用户工程相结合，线路检修与变电检修相结合，一次系统与二次系统检修相结合，主设备与辅助设备检修相结合，同一停电范围内相关设备检修相结合，低电压与高电压等级设备检修相结合，用户检修与电网检修相结合。

通过建立设备停电信息库全方位滚动校核停电计划，并统筹安排加强停电作业项目的相互配合，实现了在对设备停电情况充分掌握的基础上，达到了分层、分级地合理优化停电资源、大力度管控重复性停电的目的，有效减少和杜绝了"乱停电"现象，降低了现场作业风险，在确保了电网运行可靠性的同时，还为广大用户提供了可靠地电力保障。

（3）实现停电计划与电网承载力有机融合，降低电网风险、保证停电计划刚性执行。

随着地区电网规模的扩大，探究电网承载能力相关要素对于提升电网运行水平就显得尤为重要，在停电计划中充分考虑了电网、设备、人员的承载能力，将其作为计划编制的重要因素进行分析，并指导计划的编制、平衡与调整。

1）电网承载力。各级计划申报单位在编制计划过程中，充分考虑检修方式运行风险因素，在计划上报前进行初步平衡，将能够引发电网风险的相关工作进行合理分布，防止了由于计划时间安排不当，人为造成电网风险升级的问题。地调计划管理人员在接收到计划后，再对全网计划中涉及电网风险的工作进行整体把控，进行二次平衡、优化，并协调方式人员通过优化、调整站内及上级电网的运行方式等手段，将大风险降为小风险，从根本上保证电网的安全稳定运行。

公司大数据应用系统通过建立停电设备与供电区域的对应关系库，将停电设备、停电区域及停电重要用户在电网图中进行变色显示。在计划执行过程中，地调生产计划管理人员可充分利用大数据应用系统中电网运行风险展示功能，实时掌握当前电网承载能力、薄弱点及运行风险、引发六级及以上电网运行风险的变电站及供电区域和对电网运行影响的较大或检修方式超长期运行的各类工作，并对计划工作进行再次校核、得出准实时评价结果，进而对计划工作进行动态优化调整，合理降低或避免电网所承载的风险。

2）设备承载力。在中长期停电计划编制过程中，地调在综合考虑检修工作与停电窗口匹配的基础上，充分利用调度 D5000 及全电网数据系统相关功能，结合同期电网及设备负荷历史数据，对停电计划安排的日期及时间节点进行严格管控。在安排计划时优先遵循"避峰就谷"的原则对停电时间及检修方式进行优化调整，防止造成停电风险加大及超设备承载能力等情况。

在短期停电计划编制过程中，地调计划人员通过负荷趋势、设备负载、可开放容量、天气、电网方式等因素，对检修方式下的运行设备进行负荷预测，同时对电网安全稳定情况进行实时校核，对停电检修工作进行及时调整，避免不必要的有序用电行为。

针对设备卡脖子问题造成的设备承载能力受限设备，地调通过协调运检部、县公司等相关部门及时跟踪并推进卡脖子治理项目进展，并以停电计划为抓手，最大限度地结合现有停电计划及停电机会，对卡脖子设备进行治理。该方法不仅提升了电网设备的承载能力及设备运行的可靠性，还化被动为主动，从根本上解决了由于设备承载能力受限造成的计划被迫调整问题，做到了"以治理、促管理"。

3）人员承载力。为加强停电计划编制过程中对人员承载能力的管控，各级单位在编制计划前，充分考虑本部门本身工作及配合其他部门工作中所需人员、物资、车辆等因素的承载能力，根据整体工作安排合理人员物资分配，并制订计划上报至地调。地调根据整体工作计划安排，对全公司主、农、配网计划中人员的承载能力进行预估，并整体平衡工作计划安排，对具体工作作出适当的调整，制订出停电计划初稿。

地调监控班、调度班根据停电计划初稿，针对停电计划工作提前预估方式调整、停送电操作票编制、调度指令下达等工作量，并结合本身日常工作，对人员的承载能力以分值形式进行充分评估。通过设定区间，细化调度员及监控员的工作量分析及操作能力分析。将工作量分析结果与工作计划双向关联，定量分析工作计划与调度、监控工作的线性关系，并对停电计划的编制、调整给出专业的合理化建议，实现了计划的饱满性及人员承载力统筹管理。

地调充分考虑电网、设备、人员承载能力影响，将其与停电计划进行有机融合，通过按照事前精细分析，准确把握实际生产承载能力，制订出科学合理的生产计划方案和应对措施，事后对电网承载能力进行准确评价及分析，并将承载力与停电计划工作进行匹配，从计划报送、编制、执行、总结四个阶段分别对承载力进行把控，并指导停电计划的编制与评价。改变了被动的主观命令式的粗放管理方式，有效解决了生产任务与电网风险、人员、设备等资源矛盾，实现了检修资源的有效整合，消除了由于计划安排不合理而造成的生产承载力过负荷现象，在保证电网、设备及作业人员安全的同时，还保证了整体停电计划的刚性执行。

第四节 安全自动装置管理

电网安全自动装置是保证电网安全稳定的技术措施。安全自动装置涵盖低频切负荷、低频低压切负荷、低频低压解列、线路联切负荷、主变压器联切负荷等装置。

一、一般原则

（1）安全自动装置的调度管辖范围的划分，原则上与电网一次设备的调度管辖范围一致。

（2）新设备投入运行时，相应的电网安全自动装置必须同步投产。

（3）调控机构负责制订其调度管辖范围内的自动装置配置方案、设备选型、定值整定和调度运行说明。相关单位负责具体实施及运行管理。

（4）安全自动装置投运前，运行维护单位应制定相应的现场运行规程，并报调度部门备案，向所属调度部门提出投运申请，经批准后方可投入运行。

（5）地调调度管辖的自动装置，其投停及更改定值等工作必须得到地调值班调度员的指令或许可。厂（站）值班人员应对自动装置的运行状况（如投、停、动作等）进行详细记录。如自动装置的投运方式仅由所在厂（站）运行方式决定时，按照现场规程自行操作。

（6）自动装置动作后，现场值班人员应立即报告地调值班调度员并做好记录，运行维护单位应尽快将动作分析报告报地调。必要时地调组织分析。自动装置出现异常时，现场值班人员应先报地调值班调度员，并按现场规程处理，同时通知维护人员到现场处理。

（7）安全自动保厂用电措施的装置退出运行后，还需做好手动保厂用电措施。

（8）使用通信通道传输信号的安全自动装置，当通信装置或通道异常、故障时将相应的安全自动装置停用。

（9）电网同期并列装置必须定期进行校验，定期对同期回路进行检查，保证装置随时处于正常状态。装有同期并列装置的厂（站）值班人员必须能进行电网同期并网操作。同期并列装置按同期角小于 $30°$，频率差不大于 $0.2Hz$［无法调整时频率偏差不得大于 $0.3Hz$，并列时两系统频率必须在（$50±0.2$）Hz 范围内］，电压差不大于 10% 整定。

二、安全自动装置的运行

1. 低频低压减载装置

（1）低频低压减载装置的投、停、改定值及投切线路等工作，必须得到调度值班人员的指令后方可进行。

（2）正常运行及操作时，应注意低频低压减载装置所采用的电压互感器二次电压，防止因失去电源或二次电压取用不合理而引起的不正确动作。

（3）低频低压减载装置动作后，运行人员应做好记录并向地调值班人员报告：哪轮低频减载装置动作、动作时间、切除哪些线路。系统故障消除后，根据值班人员的指令恢复线路供电。因系统频率下降使低频减载装置动作切除负荷后，必须在得到省调值班调度员的同意后方可送出。

（4）除装置存在缺陷或装置在试运行期内的情况外，正常方式下，已报备用的低频低压减载装置均应在运行状态，且跳闸压板根据定值单的规定投入。

（5）有试运行期的低频低压减载装置，试运行期间装置无问题，到达定值单中规定投入时间后，由运行工区向地调提出申请，并按地调令将跳闸压板按定值单规定投入。

（6）低频低压减载装置随新、改、扩建变电站（包括综合自动化系统改造、大修技改变电站）启动投入运行，跳闸压板按定值单要求投入。

（7）省调低压减载装置投、退按省调令或《河北电网运行方式及自动装置规定通知单》执行。

2. 备用电源自投装置

（1）备用电源自投装置正常压板投、退按全方式投入，特殊规定除外。

（2）装置异常或运行方式变更引起备用电源自投装置不具备投运条件时，应将其停运。对于本站运行方式变更引起的投停应列入现场运行规程。

（3）正常运行及操作时，应注意备用电源自投装置所采用的电压互感器的二次电压，防止因失去电源或电源取用不合理而引起的不正确动作。

3. 电网解列装置

（1）电网解列装置应具备跳开所有并网线路开关功能，具体跳闸应根据运行方式投退跳闸压板。

（2）正常运行及操作时，应注意电网解列装置所采用的电源 TV，防止因失去电源或电源取用不合理而引起的不正确动作。对于一经操作即造成解列装置电压消失的，在操作前应停用解列装置。

4. 主变压器过载联切装置

（1）除装置存在缺陷或装置在试运行期内的情况外，正常方式下，主变压器 N-1 故障后，导致运行主变压器过载 1.1 倍以上的变电站，其独立的、采用高压侧电流作为判据的主变压器过载联切装置应投入运行，跳闸压板按定值单规定投入。

（2）采用自适应跳闸矩阵的主变压器过载联切装置，影响跳闸矩阵的开入必须经压板控制，在对应断路器检修时，应注意压板的操作。

（3）正常运行、倒闸操作或其他保护校验时，应考虑对主变压器过载联切装置所采用的电流互感器二次电流回路的影响，防止因传动主变压器保护、母差保护等导致主变压器联切装置达到动作电流值导致其不正确动作。

第五节　网　损　管　理

依据年度网损指标，优化、调整年度电网运行方式安排，结合地区电网网架结构变化，完善各部门及县（市）公司管理体系，开展专项督办、协同推进，每月组织开展 35～220kV 母线平衡率（以下简称母平）、35～110kV 分压、分线线损、变损的管理工作。

一、网损管理系统档案的维护

（1）负责 35～220kV 母平、35～110kV 分压、分线线损、变损统计档案管理，收集相关资料，在一体化电量与线损管理系统中建立分压、分线线损、变损计算公式。

（2）对于 35～220kV 变电站新扩建、改造等工程应验收站（厂）内关口电能量计量装置并接入关口电能计量系统并进行统计、完善，并及时更新体化电量与线损管理系统中档案。

二、同期线损的统计与分析

同期线损统一以自然月为周期（上月 1 日 0 时至当月 1 日 0 时）进行统计。

（1）每月 5 日前，在一体化电量与线损管理系统中提取同期线损、母平的统计数据，并按照规范进行白名单申请及报备申请。

（2）每月 23 日前，按期开展不达标数据处理，包括打包公式异常、采集失败、极性错误、倍率错误等；同时每月 23 日前完成对不达标数据的分析。

（3）每月 15 日开展 110kV 线损理论计算，实现同期值与计算值相互校对，掌握管理降损空间，及时优化电网结构，参与降损规划编制，制订降损措施，配合开展线损工作检查。配合提出公司节约电力电量目标建议，根据公司指标任务开展节约电力电量工作。

三、网损工作的督导与检查

针对《一体化电量与线损管理系统》中县调控中心负责开展 35kV 站同期线损、母平统计工作进行督导检查。

四、同期线损专业管理

同期线损专业管理通过构建多维协同机制，深化 TMR 系统应用，全面提升线损管理水平。即从管理机制和技术手段两个方面进行不断创新，构建基于多维度协同管理机制，依托 TMR 系统深化应用，有效地缩短缺陷消除周期，不断提升线损各个系统的应用水平，提高线损实用化水平。

（一）专业管理的目标描述

1. 专业管理的理念

公司不断加大线损管理力度，加快推进同期线损实用化，从管理机制及技术手段两个方面进行创新，积极探索同期线损整治方法和管理模式，通过完善管理流程、注重常态分析等，取得显著成效。

为充分发挥线损管理对提升公司经营效益的支撑作用，进一步巩固已有降损成效、挖掘潜在降损空间，调控中心联合发展部、运检部、营销部、运监中心等部门按照分压管理和专业管理相集合模式，依托 TMR 系统深化应用制订了 35kV 及以上线损管理方案，以及工单处置方案，明确了调控中心、发展部、营销部、运检部等部门的职责和要求，梳理各部门的工作流程，缩短缺陷消除周期，明确时间节点，确保各项指标稳步推进。

2. 专业管理的范围和目标

（1）专业管理的范围。主要负责 10kV 及以上的母平、35kV 及以上的分线以及 35kV、110kV 电压等级的分压同期线损的管理。

（2）专业管理的目标。以一体化电量与线损管理系统以及 TMR 系统为平台，开展 220kV、110kV、35kV 同期线损、母线平衡精益化管理，实现线损在线与精益化分析，智能分析日、月度线损异动，及时发现缺陷，缩短缺陷消除周期，实现 35kV 及以上分线合格率各月均大于 98%，10kV 及以上母线电量不平衡率各月均大于 98% 的目标，35kV 及以上分压达到业绩指标标准。

3. 专业管理的指标体系及目标值

（1）同期线损指标体系如下：

1）同期线损率等于同期输入电量与同期输出电量的差除以同期输出电量，用百分数表示。

2）分线同期线损合格率等于同期线损合格线路条数与线路总条数之差，用百分数表示。

3）母线电能不平衡率等于母线输入电量与母线输出电量的差除以母线输入电量，用百分数表示。

4）母平合格率等于合格母线数量与母线总数之差，用百分数表示。

（2）同期线损管理提升的目标。提升同期线损管理流程，做到分工明确、责任到人，实现全员、全过程的精益化管理模式，确保指标不断提升，专业管理指标见表 2-7。

表 2-7　　　　　　　　　　　　　专 业 管 理 指 标

指标名称	目标值
220kV 线损率	0～3%
110kV 线损率	0～3%
35kV 线损率	0～3%
220kV 母线电量不平衡率	−1%～1%
110kV 母线电量不平衡率	−2%～2%
35kV 母线电量不平衡率	−2%～2%
10kV 母线电量不平衡率	−2%～2%
110kV 分压线损率	对比基准值满足偏差要求
35kV 分压线损率	对比基准值满足偏差要求

（二）专业管理内容

1. 明确责任，构建多维协调机制

同期线损治理工作涉及多个部门，各部门均有相关职责，工作均存在交叉，导致各部门之间职责并不明确，相互之间协调不足。按照"三集五大"体系建设要求，坚持"统一领导、分级管理、分工负责、协同合作"原则加强线损指标管理，完善横向到边、纵向到底的组织保障，确立以指标为导向明晰线损指标管理的职责分工、工作流程与业务接口。

2. 职责分工

具体职责分工如下：

（1）调控中心：总体牵头 35kV 及以上网损工作，负责协调组织，制定 35kV 及以上网损线损治理计划，表计安装计划；负责涉及 35kV 及以上网损计算公式的正确性，分析 35kV 及以上网损不达标原因；日发布 35kV 及以上网损指标的数据，周组织相关各部门负责人、专责召开专题会议，总结各项工作完成情况，部署后期重点工作，通报 35kV 及以上网损指标的排名；月考核 35kV 及以上网损指标未达标的相关单位及县公司；指导、督促县公司做好各项专业管理工作。

（2）营销部：负责计量表计及档案的维护、采集装置等的正确性、完好性，分析母平不合格、分线线损不达标原因，制订整改措施，在规定时间内完成相关消缺工作，以保证电量的准确性、唯一性；配合调控中心制订表计安装计划，负责联合运检部现场勘查、表计安装工作，负责安装表计所需的表计、二次电缆等安装材料提前筹备（含县公司所属 35kV 站所需材料）；指导、督促县公司做好各项专业管理工作。

（3）运检部：负责 PMS 数据的维护，保证设备台账、设备运行状态与实际同步；负责治理因一次设备缺失导致无表计的问题，配合营销部、县公司进行现场勘查，牵头组织对于缺失一次设备的安装工作；及时消除影响 35kV 及以上网损指标的一、二次设备缺陷。

（4）发展部：协助调控中心做好 35kV 及以上网损、计量表计安装工作，负责协调部门间相关工作事宜；负责发布指标总体情况，监督各部门工作的落实，核对数据的准确性，综合分析 0.4～220kV 同期线损总体情况。

（5）运监中心：开展监控指标的统计与汇总、监控通报的编制与发布；针对发现问题下发监控工单，督导原因排查与处理，跟踪工单处理进度；每周接调控中心反馈的工作督办单，统计各责任部门工作完成情况，并进行通报。

3. 专业管理工作流程

基于前期管理模式，经探索和优化后，形成现有的多维协同流程，多维协调机制运转流程见表 2-8。

具体工作流程为：由调控机构发起，根据运监中心下发的日、周、月度 35kV 及以上网损数据进行分析，筛选出分析不合格原因，针对不同问题制订工作督办单，及时下发，按照《国网河北省电力公司线损监控工作方案》要求下发至营销部、运检部线损专责。工作督办单格式见表 2-9。

营销部、运检部等相关专责负责完成工作督办单的填写，包括解决方案，解决期限（根据实际工作归属填写，如表计故障由营销部计量室消除；如一二次设备故障以及计量装置缺陷，由运检部消除等等）等，并在工作督办单下发的 2 个工作日内，向调控中心进行反馈，并在消缺完成后，及时向调控中心汇报。

调控中心相关专责根据 35kV 及以上网损工作督办单反馈情况及工作完成情况每月形成月度报告，上报运监中心和发展部，并根据消缺情况，再次制定相应工作计划，确保缺陷如期消除。处理各类原因的工作督办单不得超过一定时限（自接到反馈之日起开始计算），解决时限表见表 2-10。

表 2-8 多维协调机制运转流程

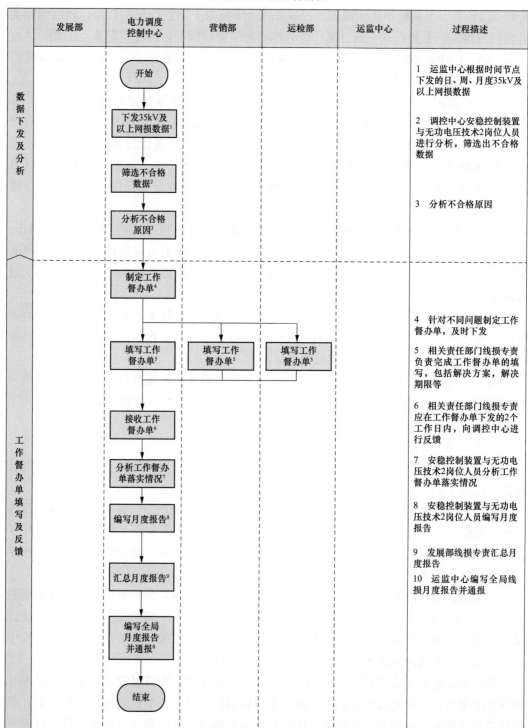

	发展部	电力调度控制中心	营销部	运检部	运监中心	过程描述
数据下发及分析		开始 → 下发35kV及以上网损数据[1] → 筛选不合格数据[2] → 分析不合格原因[3]				1 运监中心根据时间节点下发的日、周、月度35kV及以上网损数据 2 调控中心安稳控制装置与无功电压技术2岗位人员进行分析，筛选出不合格数据 3 分析不合格原因
工作督办单填写及反馈		制定工作督办单[4] → 填写工作督办单[5] → 接收工作督办单[6] → 分析工作督办单落实情况[7] → 编写月度报告[8] → 汇总月度报告[9] → 编写全局月度报告并通报[8] → 结束	填写工作督办单[5]	填写工作督办单[5]		4 针对不同问题制定工作督办单，及时下发 5 相关责任部门线损专责负责完成工作督办单的填写，包括解决方案，解决期限等 6 相关责任部门线损专责应在工作督办单下发的2个工作日内，向调控中心进行反馈 7 安稳控制装置与无功电压技术2岗位人员分析工作督办单落实情况 8 安稳控制装置与无功电压技术2岗位人员编写月度报告 9 发展部线专责汇总月度报告 10 运监中心编写全局线损月度报告并通报

表 2-9　　　　　　　　　　　　　同期线损工作督办单

工单事项：××供电公司××站××kV 母平不合格			
编号：		类别：高损母平	
发起时间：××××年××月××日		发起人：××××	电话：××××××
第一部分：由调控中心填写			
问题（异常）描述：			
第二部分：由受理单位（部门）填写			
反馈人：	电话：	反馈时间：年　　月　　日	
原因类别：现场设备问题	解决时限：天	解决时间：年　　月　　日	
问题（异常）原因与解决措施：			
审核人：		审核意见：	
第三部分：由调控中心填写			
核查人：	核查时间：	是否超期：是/否	
结果评价： （反馈时间超期；到达计划解决时间，对问题（异常）的解决成效进行验证，说明验证结果，仍不满足合格标准的均记为不合格工单。）			
审核人：		审核意见：	

表 2-10　　　　　　　　　　　　解　决　时　限　表

问题原因	解决时限（工作日）
用户窃电问题	1～3 天
基础档案问题	1 天
采集远抄问题	1 天
通信通道问题	1 天
现场设备问题	7 日内
信息系统问题	1～3 日内
电网运行问题	7 日内

经过对工作流程的梳理，在明确责任的基础上，各部门工作协调程度及工作积极性大大提高，工作效率得到了大幅提升。

4. 深化 TMR 系统应用，提升线损管理水平

部分 35kV 变电站无进线断路器、35kV 主变压器高压侧未配置 TV，只能使用线路对侧或主变压器低压侧表计数据替代打包计算，且日常大量计量表计、采集器故障，加之站端采集终端需要逐站移交，时间紧、任务重，过渡期间大量工作需要交接，严重制约了线损指标的提升，随着河北南网关口计量系统退出使用，新采集系统河北南网全电量计量系统（简称 TMR 系统）的上线，通过 TMR 系统快速查找缺陷点，确定缺陷类型，以及高损线路、

母线分析等一系列深化 TMR 系统应用的水平，为进一步提升线损管理打下了坚实的基础。

（1）加强日常监视，快速查找采集中断表计。加强 TMR 系统中状态监视功能的使用，此功能主要针对各种数据异常、通信通道异常及一些告警信息，状态监视功能界面示例如图 2-1 所示。

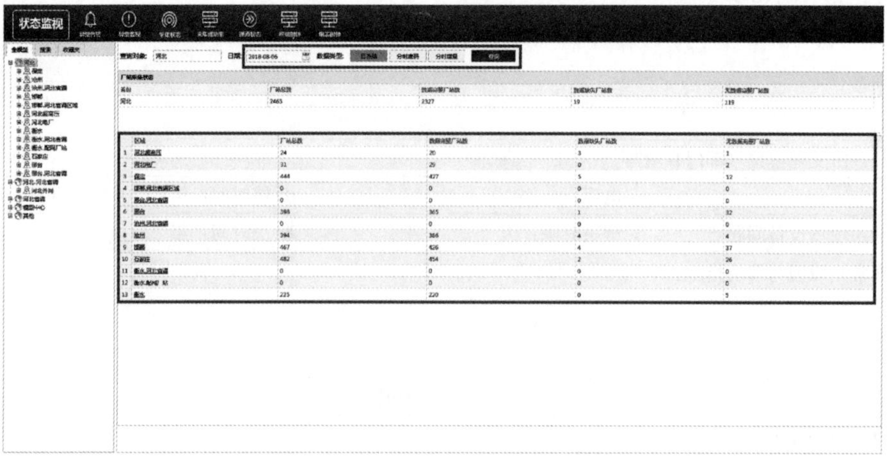

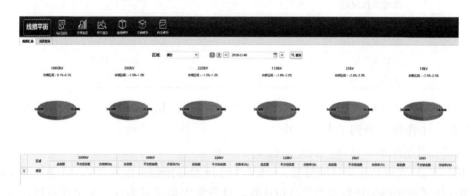

图 2-1　状态监视功能界面示例

调控中心自动化专业每日进行巡视，本功能可以快速查找停采表计，大大节省了逐站巡视，发现问题的时间，同时应用数据招测功能进行招测，可以快速判定缺陷类型，如通道中断、采集器故障等，确定缺陷类型后，相关专责下发工作督办单，相关责任单位进行消缺，消缺完成后通过微信群等手段进行汇报，形成了简单有效的 PDCA 循环，大大缩短了消缺的周期。

（2）开展日、时段等线损指标分析，及时发现异常数据。线损平衡功能模块主要对线损、变损、母线数据计算的公式进行自动或手动管理，对计算后的数据按电压等级或地区进行查询和展示，线损平衡界面示例如图 2-2 所示。

图 2-2　线损平衡界面示例

日常对日、时段指标的查询，可以快速核查出不达标分线、母平明细，通过明细的每日及月度之间的趋势对比，线损趋势对比界面示例如图 2-3 所示，可以快速直观查出不达标日期，方便快速核查缺陷。

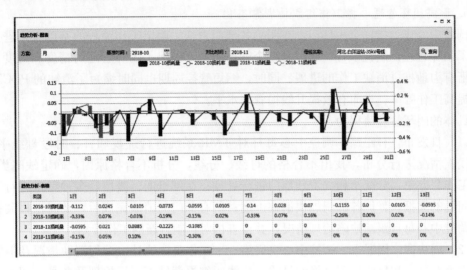

图 2-3　线损趋势对比界面示例

其中缺陷主要分为以下几类：

1）表计的关口表底缺失。若为间断性表底缺失，有两个原因：一是 TMR 系统中表底数据为间断性采集缺失；二是 TMR 系统中偶尔出现传输数据时间晚于同期线损系统取数时间情况；若为持续性表底缺失，则需核查 TMR 系统中有无采集数据。

2）表计电量异常问题。若 TMR 系统中可正常采集，则核实现场是否进行过采集终端的更换（TA 增容、计量表计更换）或 TMR 系统中是否进行过计量点的档案重建操作，若存在以上情况，则在同期线损系统中重新进行开关档案勾稽，对计量点、采集测点重新进行配置即可解决。若 TMR 系统中采集异常，一是采集器、通道故障，需联系调控中心自动化专业，开展消缺；二是现场表计、TV 二次失压等问题，需联系计量班，开展消缺；三是现场 TA、TV 等一次设备故障，则需联系运维检修部，开展消缺。

3）高损问题若存在主变压器低压侧打包情况，则需考虑变电站内功率因数及负载率情况，功率因数是否达到 0.9，负载率是否在 20%～80% 的经济运行区间内，站内电容器是否存在缺陷，导致功率因数不满足要求。如果存在上述问题，请及时优化运行方式，及时停备空轻载主变压器，及时进行电容器组的消缺。

若无打包，则需考虑线路长度、线路导线型号以及线路运行年限，是否存在供电线路过长，线径过细，运行年限过长导致线路老化等情况，若存在此问题，则需上报大修技改项目，尽快更换导线。

高损问题还需考虑表计的精度误差问题，如果表计精度存在问题，也是会形成高损线路的，所以在发现高损线路后，需要联系关口计量班现场校验表计。

待确定缺陷类型后，相关专责下发工作督办单，相关责任单位进行消缺，消缺完成后通过微信群等手段进行汇报。深化 TMR 系统应用的主要优点是，能够快速核查缺陷类型，及将以前无法确定的问题明确化，并快速下发工作督办单至相关责任部门，相关消缺工作也得到了极大的推动，同时大大缩短了消缺的周期，有效地提升了线损指标。

5. 形成闭环管理，将工作组织协调常态化

调控中心作为指标牵头部门，在明确各部门责任、确定工作流程的基础上，进一步加强了闭环管理，制订了日、周、月三个管控周期，确保了闭环管理的精度和力度，更加清晰有力地推进消缺工作的进展。同时，缩短管控周期也同时缩短了消缺的 PDCA 循环，提高工作效率，进而有效提升线损管理水平。

具体的闭环管理流程为：

（1）日发布，日跟踪。调控中心每日对 TMR 系统进行巡视和日、时段母线平衡、分线线损情况进行分析，找出不合格的母线、分线，分析不合格原因，确定缺陷类型，下发工作督办单，分配给相关责任部门进行处理；在网讯通、微信等多种渠道进行不合格等问题的通报，督促各部门加快消缺进度；所有部门的消缺完成后，及时汇报调控中心，调控中心每日跟踪缺陷治理情况，并检查核对，制订新的工作计划。

（2）周协调，周通报。调控中心每周第一个工作日，统计上一周消缺情况及消缺结果，将消缺进度和目前仍不合格的母线、分线明细报营销部、运检部及各县公司，调控中心每周五定期组织营销部、运检部等相关部门召开周例会，总结一周缺陷消除情况，并共同分析指标不达标原因，同时制订下周消缺计划，解决措施及计划解决时间，形成工作督办单进行流转；调控中心每周五在网页上发布母平、分线、分压线损指标。

（3）月分析，月考核。调控中心每月 4 日在一体化电量与线损管理系统中获取各项指标完成情况；每月初第 6 个工作日前，调控中心将电量平衡率不合格的母线、分线、分压进行分析，并经明细报相关责任单位及各县公司；每月初第 9 个工作日前，调控中心牵头组织相关责任单位协同配合，制订解决措施及消缺计划；调控中心每月 15 日前完成月度指标分析，对 22 个县公司进行整体排名，对达不到业绩指标规定的，进行严厉业绩考核，并对指标持续落后的县公司邀请到市公司进行约谈，市县公司负责人共同协商，制订指标提升计划，有效地达到专业垂直帮扶县公司的目的。

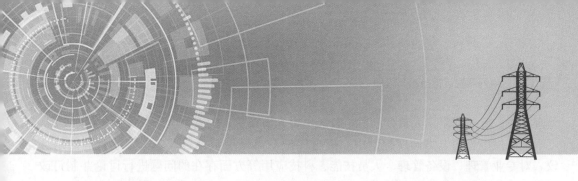

第三章　地区电网继电保护技术及专业管理

党的十八大以来，党中央对安全生产工作高度重视，习近平总书记明确要求"坚持管行业必须管安全，管业务必须管安全，管生产必须管安全"。电网属于国家重要的基础产业和公用事业，与人民群众生产生活息息相关，生产安全社会属性更加凸显，电网企业开展人员、电网、设备安全生产管理实践，形成系统发展、科学规范、动态评价的本质安全管控体系，是服务经济社会发展、保障人民生产生活的重要手段。

继电保护作为切除电网设备故障的第一道防线和防止事故扩大造成停电事故的最后一道屏障，是保证电力设备安全、防范杜绝大面积停电事故的最根本、最直接、最重要、最有效的手段，承担着极其艰巨且重大的安全责任。当前及今后很长一段时期，电网将处于发展改革攻坚期、特高压建设关键期，地区继电保护专业精益化、标准化、实效化管理深化建设势在必行。

第一节　继电保护专业管理概述

一、专业技术管理网络建设

1. 专业技术管理网络设置

地区供电公司继电保护专业技术管理网络由公司、工区、班组三级组成，各级人员设置情况为：

（1）电力调度控制中心设置继电保护专责岗位，主要负责组织专业技术管理网络人员参与继电保护专业发展规划、项目可研立项、设备设计选型、施工安装、竣工验收、运行维护、检修试验、缺陷管理、技术监督等全过程管理。

（2）二次检修室（或变电检修室）设置二次运检专责岗位，负责运行维护范围内继电保护设备管理的计划执行和现场控制，负责运行维护范围内继电保护设备的运行维护、检修和技术监督。变电运维室设置二次运维专责岗位，负责对继电保护设备的日常运行巡视，执行有关继电保护规程和规定。

（3）二次检修室（或变电检修室）二次运检班组负责继电保护设备的运行维护、检修试验、缺陷处置、周校执行等相关工作执行，负责国家电网公司、网省电力公司及地区供电公司相关继电保护要求落地实施。

2. 专业技术管理网络运转

地区供电公司电力调度控制中心继电保护主管负责组织建立完善继电保护专业技术管理网络，每年12月份收集专业管理网络人员名单，组织专业管理网络成员参与各项管理工作。专业网络内人员变动后，各级负责人需在1月内上报上一级负责人备案。

地区供电公司电力调度控制中心继电保护专责每年至少召开一次专业管理网络会议，对专业管理、设备管理、人员技能、科技应用等方面存在的问题进行讨论并制订改进措施，负责监督检查各项改进措施的落实执行。

二、继电保护专业发展规划

地区供电公司电力调度控制中心继电保护专责根据公司专业发展规划编制继电保护专业发展规划。每年1月31日前完成，经电力调度控制中心主任审核后发布到二次检修室（或变电检修室）和变电运维室执行。

（1）继电保护专业发展规划编制依据主要包括：继电保护设备运行指标要求，公司电网设备与安全分战略要求，公司继电保护专业管理现状分析，公司继电保护专业年度设备分析。

（2）继电保护专业发展规划主要包括：继电保护专业发展的指导思想和定位，继电保护专业发展目标，继电保护专业管理及设备运行问题以及采取的措施。

地区供电公司电力调度控制中心继电保护专责每年按照公司对专业发展规划的修改意见，结合年度专业工作总结，组织专业技术管理网络对专业发展规划进行修订。

三、继电保护专业年度工作目标和计划

1. 专业管理指标分解

地区供电公司电力调度控制中心继电保护专责根据公司年度业绩考核指标和同业对标指标，结合专业发展规划目标，组织本专业技术管理网络人员开展年度指标分解，绘制专业管理指标体系树形图，明确指标的统计周期、考核周期、统计计算方法，每年1月31日前完成。

2. 年度工作目标和计划

地区供电公司电力调度控制中心继电保护专责根据专业发展规划、专业管理指标，组织本专业技术管理网络人员制订专业年度工作目标和计划，每年1月31日前完成。

（1）继电保护专业年度工作目标和计划经电力调度控制中心主管主任审批后下发执行。

（2）二次检修室（或变电检修室）应将继电保护专业年度工作目标和计划进行分解后下发至班组执行。

（3）二次检修室（或变电检修室）应根据专业年度工作目标和计划，结合工区一次停电计划，分解制订月度工作目标和计划。

（4）二次检修室（或变电检修室）二次检修专责每月组织开展月度计划的完成情况总结，未完成的进行原因分析或说明并同时报送电力调度控制中心继电保护专责。

3. 专业管理落实要求

地区供电公司电力调度控制中心继电保护专责每年组织一次继电保护专业管理文件的收集整理，对专业管理文件的落实单位和对应工作项目进行梳理，形成专业管理工作文件清单和专业管理工作文件落实单位矩阵表，每年1月31日前下发至

各工区。

地区供电公司电力调度控制中心继电保护专责每年应至少组织一次专业管理文件的宣贯，专业管理文件宣贯纳入专业年、月工作计划中执行。

继电保护专业管理文件在继电保护专业管理全过程中执行和落实。

第二节　继电保护项目管理

一、项目前期管理

（1）地区供电公司发展策划部在组织基建工程项目的接入系统、可研等审查工作时，相关资料应提前7个工作日报送至电力调度控制中心继电保护专责。

（2）地区供电公司建设部在组织基建工程项目的初步设计审查工作时，相关资料应提前7个工作日报送至电力调度控制中心继电保护专责。

（3）地区供电公司电力调度控制中心继电保护专责应按照发展策划部、建设部的要求参加电网规划、初步设计等的审查，对继电保护配置提出意见，并执行相关继电保护文件要求。

（4）电力调度控制中心继电保护专责组织参加项目技术规范书审核，技术规范书应满足继电保护技术标准要求。

（5）电力调度控制中心继电保护专责参与技术协议签订，审查保护原理、组屏接线、备品备件、调试工具、技术服务、技术培训等方面详细条款。

二、项目建设管理

电力调度控制中心继电保护专责组织继电保护专业人员参与保护装置出厂验收。验收人员应遵循技术协议以及相关技术标准，对照设计图纸核对保护装置的接线和安装是否满足技术规范的要求，对生产厂家提供的出厂试验报告进行审查，并抽查部分主要项目进行验证。

二次检修室（或变电检修室）应全程参加新、改、扩建工程的继电保护设备安装调试的质检。调试单位应在安装调试中严格执行继电保护相关标准的要求。

涉及与运行设备有联系的接入工作，施工单位负责明确具体接引措施和传动方案，经二次检修室（或变电检修室）审核后报送电力调度控制中心。

三、继电保护验收管理

验收工作作为继电保护保护专业的重点业务，其工作质量直接影响继电保护设备后续的安全可靠运行，因此建立完善的继电保护验收流程，严格控制变电站继电保护设备安装调试质量，是夯实继电保护作为电网"第一道防线"作用的重要基石。

（一）专业管理理念

以推进技术标准落地，提高继电保护验收管理水平为目标，验收中要合理明确保护验收职责分工和管理原则，规范继电保护的现场验收工作；落实国网公司全过程技术监督和精益化评价的管理要求，编制《继电保护标识标签工艺规范》和各类设备的验收标准卡，指导现场标准化作业；适应和推动新技术的应用和发展，提高工程特别是隐蔽工程的建设质量,实现工程项目零缺陷投运。

(二)专业管理目标

坚持专业管理横向协同、纵向贯通,标准全落实,过程全覆盖,缺陷全消除的"双向三全"原则。横向协同指围绕"五位一体"建设,明确保护专业与发展、建设、运检等各接口部门的分工职责和相互配合要求,横向沟通更加顺畅;纵向贯通指通过建立保护专业的网络组织机构,以继电保护验收作业规范工作为主线,全面梳理保护专业的相关业务,建立工作流程,完善综合评价体系,实现保护专业管理的纵向贯通;以"实用、实效"为原则,逐项梳理需执行的各级技术标准和管理制度,将每一项技术标准和管理制度对应到具体的验收项目、对接部门、对接岗位、对接人,实现技术标准和管理制度的全落实;过程全覆盖指将可研初设评审、厂内验收、隐蔽工程验收、中间验收、竣工(预)验收、启动验收等全流程统筹管理,实现从头至尾全过程监督;缺陷全消除指坚持原则、严谨细致,严把验收各道关口,保证设备安全可靠运行。

(三)继电保护验收全过程管理

1. 项目可研、初设管理

针对项目前期和项目建设阶段,电力调度控制中心继电保护室建立"项目经理"负责制管理机制。由继电保护室主管或其他经验丰富专责担任"项目经理人",对外总出口协调发展部、建设部、设计单位等部门,对内将每个项目进行分包,指定专门的"验收负责人"从项目前期至项目投运全过程跟踪负责。

对新建工程,"验收负责人"深度参加可研评审、初设评审和设计联络会,从设备安全运行、运检便利性方面对工程可研报告、初设文件、技术规范书等开展的审查;对继电保护技改大修项目,由"验收负责人"参加技改大修储备项目可研评审并起草可研批复。参与可研初设"验收负责人"应做好评审记录,最后将评审记录反馈至"项目经理人"。"项目经理人"审核并汇总各个项目的评审意见,形成继电保护工程项目全过程管控跟踪清单,见表3-1。

表 3-1 继电保护工程项目全过程管控跟踪清单

日期	专业类别	参加人员	工作类别	会议组织单位及负责人	工程名称	审查意见
××××.××.××	继电保护	×××	可研-内审	发展部-×××	××220kV输变电工程	1. 220kV×××线路 TA 变比未1200/1,需设计校核容量是否满足短路电流要求,如不满足要求需更换 TA。2. 室外汇控柜需考虑合并单元、智能终端运行环境要求,加装空调及除湿设备
××××.××.××	继电保护	×××	可研-内审	发展部-×××	××第九期电厂送出工程	补充×××变电站母线保护更换、加装故障录波器内容

续表

日期	专业类别	参加人员	工作类别	会议组织单位及负责人	工程名称	审查意见
××××.××.××	继电保护	×××	可研-省审	发展部-×××	××第九期电厂送出工程	经验院意见: 1. 初步同意×××变电站母线保护更换、加装故障录波器内容,需××供电公司补充×××变电站母线保护更换、加装故障录波器说明,并发送设计院。 2. ××第九期电厂送出工程涉及线路两端线路保护更换,需通知××电厂考虑设备购置及施工等相关工作。 3. 补充××线路保护采用双通道的可行性
××××.××.××	继电保护	×××	可研-内审	发展部-×××	××110kV输变电工程	每个预制舱小室需配置2台移动式打印机

2. 出厂验收管理

建设部根据集成商厂家提出出厂验收申请,确定出厂联调时间,提前2周通知电力调度控制中心"项目经理人"。电力调度控制中心"项目经理人"将验收设备范围、验收地点及验收时间告知二次检修室(或变电检修室)"验收负责人"。"验收负责人"1周内完成"验收标准卡"的编制和审批。

"验收负责人"对照设计图纸核对保护装置的接线和安装是否满足技术规范的要求,对生产厂家提供的出厂试验报告进行审查,督导施工单位二次设备联调,并抽查部分主要项目进行验证,发现问题进行记录并汇报"项目经理人"。

"项目经理人"对出厂验收中发现问题应协调生产厂家和设计单位及时处置并对整改结果进行审核。

3. 竣工验收

"验收负责人"及验收人员在竣工验收过程中严格按照技术标准和规章制度要求,对继电保护装置、二次回路进行整组测试,重视对电流互感器、电压互感器、断路器、隔离开关、通道等相关设备和回路的验收检验。"项目经理人"将发现的不符合项和整改意见反馈给建设单位,建设单位应于设备投运前完成对反馈问题的整改,验收人员监督整改落实。在验收过程中要注意总结近年在装置验收、设备缺陷、故障处置及历次隐患排除发现的问题,着重注意反措要求的二次回路隐蔽点检查,对这些隐蔽回路按回路特征进行分类,制订继电保护二次回路反措验收重点检查条款,比如检查互感器二次接地是否规范、电压互感器开口三角绕组是否引入共缆、直流电源是否采用小母线或环状供电等常见问题,确保可验收到继电保护设备及其二次回路的所有隐蔽项目。

在新设备投产前一周内,施工单位、生产厂家向"验收负责人"进行新设备投产交底,移交与现场投产设备相一致的图纸、保护装置技术资料、调试报告、备品备件和专用试验仪器工具等。新设备投产后1个月内,设计单位向"验收负责人"移交纸质和电子版竣工图纸。

4．项目后评估

建立工作总结及问题反馈制度，通过信息手段建立沟通联动机制，将二次检修室（或变电检修室）负责人、二次检修专责及班长等技术骨干都涵盖其中，做到验收问题动态沟通、快速解决。每年1月8日前，二次检修室（或变电检修室）二次检修专责汇总年度各项验收记录，编写上一年度继电保护验收工作总结，并上报电力调度控制中心检点保护验收"项目经理人"审核并反馈意见。每年1月15日前，电力调度控制中心继电保护室将审核通过的本单位年度继电保护验收工作总结报省公司电力调度控制中心继电保护主管岗位人员。

第三节　继电保护运行管理

为加强和规范地区电网继电保护的运行管理工作，保证电网安全稳定运行，依据省公司相关制度，结合各地市公司实际，制订适用于各地区二次检修室（或变电检修室）、各县供电公司、各并网发电厂的继电保护运行实施细则。

1．职责与分工

（1）地区电力调度控制中心职责为：

1）负责调度管辖和许可设备的检修计划继电保护票措管理。

2）负责全网继电保护缺陷管理。

3）负责全网继电保护运行分析。

4）负责全网继电保护反措管理。

5）对调度并网联络线的发电厂继电保护运行工作进行指导和管理。

（2）基建部门负责协调解决设备投运后1年内因施工质量、设备质量、调试质量造成的重大缺陷。

（3）运维检修部门负责配合执行继电保护专业提出的一次设备反措。

（4）各县供电公司电力调度控制中心职责为：

1）负责调度管辖和许可设备的检修计划继电保护票措管理。

2）负责本网继电保护缺陷管理。

3）负责本网继电保护运行分析。

4）负责本网继电保护反措管理。

5）对调度并网联络线的发电厂继电保护运行工作进行指导和管理。

（5）二次检修室（或变电检修室）、并网发电厂职责为：

1）负责本单位继电保护缺陷管理。

2）负责本单位继电保护运行分析。

3）负责本单位继电保护反措管理等。

2．检修计划继电保护票措管理

（1）继电保护专业在会商月、周检修计划前，应进行继电保护系统安全分析，包括继电保护装置运行方式分析、继电保护定值适应性分析等。对不满足电网安全运行要求的，应提出运行处理意见，包括变更继电保护运行方式、变更继电保护定值、变更电网运行方式等。

（2）月、周检修计划确定后，继电保护专业应根据计划及安全分析结果，准备相关定值的计算和编发工作。根据周检修计划批答检修工作票（以下简称工作票）、会签电网安全措施和投运措施。

（3）继电保护专业批答工作票应核查检修工作票票面内容是否正确、合理，与周检修计划是否一致；核实继电保护定值单等整定文档已分发到位；核实电网安全措施中涉及继电保护的部分已准备完毕；核实新设备投运措施已校核完成等。

（4）继电保护专业会签电网安全措施和投运措施，应审核继电保护运行方式、定值是否能适应措施涉及的临时方式、特殊方式，是否能保证系统的安全和新设备的安全；审核电网方式安排和投运步骤是否合理等。

3. 继电保护缺陷管理

（1）保护发生缺陷后，继电保护专业管理部门应及时了解缺陷情况，分析缺陷对电网及继电保护系统运行的影响，提出缺陷处理建议。严重缺陷应及时向上级管理部门汇报。必要时应组织专题分析，查明原因，编写技术分析与评估报告。对存在的问题和安全隐患，应提出解决办法和整改措施。

（2）变电运维室现场运行人员经简单处理即可恢复正常的缺陷，二次检修室（或变电检修室）继电保护专业人员可通过电话告知运行人员具体操作内容及步骤，双方应做好记录备查。变电运维室运行人员在二次检修室（或变电检修室）继电保护专业人员的指导下可以进行装置复位、断电重启等简单操作，操作应至少两人进行，如需退出相关保护，需向当值值班调度员备案。

（3）110kV 及以上电压等级的保护缺陷、各电压等级的母线保护缺陷、重复三次以上的缺陷，缺陷处理负责人应在缺陷处理后 24h 内编写继电保护缺陷分析报告，经工区二次检修专责审核后由工区自行收存。

（4）二次检修室（或变电检修室）二次检修班应每月汇总缺陷，填写系统运行及保护检验中继电保护及安全自动装置缺陷处理记录报表，经工区二次检修专责审核后于 3 日前上报电力调度控制中心继电保护专责。

（5）二次检修室（或变电检修室）每季、年应进行继电保护缺陷分析及经验总结，每年继电保护专业会前将年度缺陷分析报电力调度控制中心继电保护专责，可以包含在继电保护专业年度总结中一并报送。

（6）各级继电保护专业管理部门应建立设备缺陷跟踪记录，对虽然消失但原因不明的异常现象要充分重视，对发生过两次及以上同类缺陷的保护装置进行重点监控，必要时对装置进行全面更换。地区电力调度控制中心应对具有普遍意义的装置缺陷统一安排反措或升级。

（7）设备维护单位应对在运行和检验中发现的继电保护装置、二次回路、纵联通道的所有缺陷详细填写缺陷处理记录。

（8）各级继电保护专业管理部门应根据设备运行情况和设备基本信息之间的关系进行统计分析，对质量、管理等问题做出客观公正的评价，对设备招标、设备出厂验收、现场验收等工作提出建议，对存在问题的运行设备提出具体解决方案。

4. 继电保护动作管理

（1）继电保护装置动作后，变电运维室应立即组织运行人员到站检查保护、断路器及录波器动作等情况，并向调度值班员通报现场情况，对于主变压器保护、110kV 及以上保护动作应同时通知二次检修室（或变电检修室）。

（2）继电保护动作信号的复归由运行人员操作，应在所有信号都被记录并经第二人核实后，方可复归。保护不正确动作时，继电保护动作信号复归前应征得当值调度值班员的同意。

（3）110kV 及以上电压等级的继电保护动作后，二次检修室（或变电检修室）应在了解保护动作情况后，按以下要求向电力调度控制中心继电保护专责汇报：

1）省调管辖设备及 220kV 电压等级的保护动作后，应在 8h 内将保护装置打印报告、故障录波报告（包括电子数据）等资料报电力调度控制中心继电保护专责。

2）其余保护动作后，应在 24h 内将保护装置打印报告、故障录波报告（包括电子数据）等资料报电力调度控制中心继电保护专责。

3）继电保护正确动作后或继电保护事故后 24h 内，应将分析报告报电力调度控制中心继电保护专责。电力调度控制中心继电保护专责应向安全监察部、运维检修部提供保护装置动作情况、故障录波图及初步故障分析报告。

（4）继电保护不正确动作后，二次检修室（或变电检修室）应及时收集以下资料：

1）收集事故有关保护装置详细动作报告、保护采样值、开入量、保护录波数据等。

2）收集故障录波器录波数据及报告。

3）收集各类断路器实际动作情况及时间，一次故障点查找情况。

4）收集中央信号、远动 SOE 报告、监控系统信息等。

5）收集故障前后一次电网的状态及变化情况。

6）收集现场运行人员对故障的描述，故障前压板投、退情况，操作处理细节。

7）收集不正确动作的保护装置及相关互感器历史检验报告、检修记录等。

8）收集其他与故障相关的信息。

（5）继电保护装置不正确动作后，电力调度控制中心继电保护专责组织设备维护单位进行事故后检验。

（6）电力调度控制中心继电保护专责、二次检修室（或变电检修室）二次检修班应收存 110kV 及以上电压等级的继电保护装置打印报告及录波文件。

（7）保护装置动作后，二次检修室（或变电检修室）二次检修专责编写继电保护动作分析报告，对继电保护动作行为进行分析，对暴露出的问题制订整改措施并落实。

（8）变电运维室应按要求对继电保护动作情况进行统计，每月填报电力系统继电保护及安全自动装置动作记录统计月报表于每月 2 日前上报电力调度控制中心。动作次数按照电力系统继电保护及安全自动装置运行评价规程的规定原则进行统计。

（9）电力调度控制中心汇总运行工区上报的保护动作次数，对保护装置、故障录波器动作情况进行评价。

5. 继电保护运行分析

二次检修室（或变电检修室）、各县供电公司、各并网发电厂的继电保护专业管理部门，按下列要求填报继电保护运行分析资料：

（1）继电保护动作后的 3 个工作日内完成动作事件的统计、填报。

（2）每月的第 5 个工作日前，完成上月的数据统计分析工作，报地区电力调度控制中心继电保护专业管理部门。统计分析数据包括：一次设备参数、保护配置、保护动作事件、保护缺陷、保护检验、技改反措和人员培训等。

（3）每年 1 月 15 日前，完成本单位上年度继电保护运行分析报告并报地区电力调度控制中心继电保护专业管理部门。对本单位继电保护运行情况进行分析和总结，确定本年度运行管理重点工作。

（4）地区电力调度控制中心继电保护专业应在每年 2 月底前完成上年度继电保护运行分析报告编修，包括继电保护动作、缺陷统计分析报告，提出存在的问题及改进对策，提出本年度继电保护运行管理重点工作建议，指导、改进、提高全网继电保护运行管理工作。并组织召开上年度继电保护运行分析专题会。

6. 继电保护反措管理

（1）继电保护反措的制订与实施实行分级管理，管理范围原则上与调度管辖范围相一致。地区电力调度控制中心继电保护组归口全网的反措管理工作。涉及网厂双方的反措由相应调度机构组织审核和颁布执行。

（2）二次检修室（或变电检修室）、各县供电公司、各并网发电厂应在分析电网故障、保护异常和动作情况的基础上，研究提出相应的反事故措施。涉及保护种类较多或影响较大的，需经本单位生产主管领导和地区电力调度控制中心保护专业管理部门批准后实施。

（3）对于上级单位颁发的反措，均应遵照执行，必要时由地区电力调度控制中心研究制订实施细则。二次检修室（或变电检修室）、各县供电公司、各并网发电厂保护专业管理部门应结合本单位的具体情况，分轻重缓急，制订实施计划，建立反措执行情况台账。

（4）基建工程或生产更改、大修工程中，从设计、安装到调试、验收均应遵守已有的反措规定。确实难度较大，不能在投运前执行的，应经本单位主管生产领导批准，在本单位安监部门备核，报地区电力调度控制中心同意后方可延期执行。

第四节　继电保护设备管理

继电保护装置及重合闸、录波器装置等（以下简称保护装置）是保证电网安全运行、保护电气设备的主要装置，是组成电力系统整体的不可缺少的重要部分。为保障电网安全稳定运行，对继电保护装置设备管理提出明确要求。

1. 保护设备管理通则

（1）电网中的任何电气一次设备，任何时候不得在处于无继电保护的状态下运行。保护一般应处于完备运行状态，即设备在正常运行中，应由两套完全独立的继电保护装置分别控制完全独立的不同断路器实现保护。不允许设备长时间处于不完备保护状态运行。

（2）需整定而无正式整定值的保护装置不得投入运行。定值整定应以调度机构下发或审批确认的正式定值单为准。定值单未指定的装置其他参数，如压板、跳线、定值区、信息接口（打印、串口通信、网络通信等）、电网或设备固定参数（频率、电压、互感器变比）等，其设定值必须满足保护正常安全可靠运行的要求，符合本规程、整定方案说明及定值单的原则要求。

（3）对微机型保护装置，其软件版本应视同保护定值，必须经相应调度机构的保护部门认定后，方可投入运行。

（4）当电网的运行方式变化，需将过量型保护定值由小变大时，应先改变保护定值，再改变运行方式；过量型保护定值由大变小时，则应先改变运行方式，后改保护定值。欠量型保护改定值顺序与过量型保护改定值顺序相反。系统内大范围改定值工作应由继电保护部门与调度部门协调安排。各有关单位应在规定的期限内，按所要求的顺序完成定值更改工作，以保证各级继电保护装置的定值能够相互配合。

（5）当电网的实际运行方式，包括系统内变压器中性点接地方式，将超出保护整定方案、保护运行规定等预定的方式时，应采取措施后方可改变运行方式。事故处理时可先改变运行方式，但应做好事故预想。

（6）地区电力调度控制中心管辖及许可范围设备的保护定值调整及软件升级工作必须向相应调度机构提出申请，得到批准后方可工作。定值调整工作完成后，必须经定值核对正确后方可投入保护。

（7）变动保护装置的硬件及其二次回路，必须按调度范围经所属调度机构的保护部门批准后方可进行。各单位应制订相应的管理办法及审批手续，保证图纸、资料与运行设备的一致性，保证保护装置及其二次回路变更的正确性。

（8）新投运或检验工作中可能造成交流回路有变化的保护装置，在送电后应立即用负荷电流和工作电压对交流回路的正确性进行向量检查，并将检查结果及简要结论报相应值班调度员。在保护进行向量检查时，应有能够保证切除故障的其他保护。对投运后不能进行向量检查的保护（如使用变压器中性点电流互感器的零序过电流保护），应在投运前利用其他方法间接验证其正确性。

如保护装置投运时，因负荷小，确实无法进行向量检查时，应报告本单位生产主管领导和相应调度机构的保护部门，并做好记录，待机补做。

（9）微机保护装置投入运行后感受到的第一次故障，二次检修人员应通过分析保护装置的实际测量值（幅值、相位等）来确认交流电压、交流电流回路和相关动作逻辑是否正常。

（10）除有明确规定的情况外，保护装置的投入、退出、改变运行方式等操作应得到相应值班调度员的指令或许可。

当保护装置发故障信号、保护功能已闭锁、保护有误动危险时，现场运行人员可先行将保护退出，再及时向相应值班调度员汇报。

保护装置的投运方式仅由所在厂、站的运行方式决定时，其投、停方式规定及相应操作应纳入现场运行规程，不必由调度下令。如：线路、变压器、母线等一次设备停送电时，该设备保护的操作；本站母线结线方式变更，母线保护方式压板的操作；转代操作时，除线路对侧纵联保护外的操作；变压器间隙保护；短引线保护等。

（11）新投运的保护装置及其回路、压板等应采用规范的命名。已投运的设备，其含义可能混淆时，应参照规范重新命名；含义明确的，可逐步规范命名。调度下令时，一般应采用标准术语和规范的命名。

（12）保护装置退出时，应断开其出口压板（线路纵联保护还要退出对侧纵联功能），包括跳各断路器的跳闸压板、合闸压板及启动重合闸、启动失灵保护、启动远跳的压板，一般不应断开保护装置及其附属二次设备的直流。

闭锁式纵联保护装置如需停用直流电源，应在两侧纵联保护停用后，才允许停直流电源。

当装置中的某种保护功能退出时，应：退出该功能独立设置的出口压板；无独立设置的出口压板时，退出其功能投入压板；无功能投入压板或独立设置的出口压板时，退出装置共用的出口压板。

（13）旁路断路器转代线路断路器时，遵从线路保护的运行要求；转代主变压器断路器时，遵从主变压器保护的运行要求。母兼旁断路器，作为母联断路器运行时，遵从母联断路器的要求；作为旁路断路器运行时，遵从旁路断路器的要求。

（14）双母线接线方式，一组母线电压互感器停运时，应采用单母线或隔离开关跨接两排母线的一次方式，并对电压二次回路进行切换，断开停运电压互感器的二次小断路器。

（15）以任何电压等级接入系统的电厂都必须保证涉网保护按要求投入。

（16）试运行保护按正式运行保护对待，正常按定值单要求投信号或跳闸。

（17）在保护装置及其相关二次回路上进行可能影响保护安全的工作时，应退出相应保护功能；如影响整套保护装置时，应退出整套装置的出口压板。保护装置及其相关二次回路异常，在不失去主保护的情况下，多功能一体化配置的保护装置其中一种功能有误动可能时，可将整套保护退出运行。

（18）保护装置在系统运行中不能正确发挥作用并存在原理性误动可能时，应将该保护装置退出运行。

（19）保护将出现不完备运行状态时，需按调度范围进行审批。省调调度管辖及许可设备的保护装置一套退出时，若不失去速动保护，值班调度员有权批准 8h 内能够完成的工作。发电厂的发电机、主变压器及高压启动备用变压器保护退出时，必须经本厂主管领导批准再向相应设备所属的调度机构申请。

（20）220kV 正常运行为多电源供电的变电站，当其变为单电源供电方式时，有关保护应按下列原则处理：

1）保护动作时间不满足电网稳定或设备安全运行要求时，对相应的定值进行修改。

2）末端线路保护不能保证正确选相或保护原理存在拒动问题时，应首先考虑将末端线路保护置"弱馈"方式；无法实现时，将线路首端的重合闸改为"三重"方式，退出末端保护全部出口跳闸压板，末端断路器重合闸方式不变。

3）线路两侧的纵联保护功能投入压板保持投入状态。

（21）正常双母线运行的厂站，一般不允许母线分列运行。确需分列运行时，应经电力调度控制中心继电保护专责核算。

（22）线路空充（一侧断路器断开）运行时，两侧保护一般应保持完备运行状态。线路长期空充运行时，按运行方式单或继电保护定值通知单要求投停保护。

（23）正常操作时，一般应避免由线路直接向一双母线接线运行站的空母线充电。事故处理等特殊方式下，需要由线路充电时，应注意：可关闭被充电侧闭锁式纵联保护收发信机的装置电源（注意在临带负荷前恢复正常）；对配置双套纵联差动保护的线路，应后合电源侧断路器；被充站线路断路器的母线隔离开关应在合位，SMC母线保护应退出，其他母线保护应投"选择"方式。

（24）系统运行方式变更时，必须及时变更相关保护的运行方式。在保护方式和系统方式的操作配合上，要尽量缩短方式转换时间，重在防止保护的拒动。

2. 保护设备现场运行管理通则

现场运行人员必须按现场规程的规定，对保护装置及回路进行定期巡视和检测，并监视一次设备的负荷电流不超过保护定值单中注明的保护最大允许负荷电流值，需要注意的是保护允许电流值不是设备负荷电流的唯一限制。

（1）变电站现场运行人员或监控中心值班员可通过监控系统执行投、退保护，改重合闸方式，切换定值区，复归保护信号，测试保护通道等操作。

（2）新安装保护装置或装置更改后投入运行前，运行部门应修编现场运行规程中的相关内容，或编写正式的补充规定，不明之处应向继电保护专业咨询。继电保护专业人员应配合变电站运行规程的修编工作，审核现场运行规程中所列有关保护操作的正确性，配合做好相关培训工作。

（3）现场运行规程的继电保护部分应包括如下内容：

1）对保护运行监视及操作等的通用条款。

2）以被保护的一次设备为单位，编写保护配置、组屏方式、保护屏上需要现场运行人员监视及操作的设备情况等。

3）一次设备操作过程中各保护的运行操作规定，如转代、母线停送电等。

4）保护装置及其回路异常或故障时的处理方法，应包括：各种异常信号出现时的相应处理原则及注意事项；电流互感器、电压互感器停电或故障时，对有关保护的处理措施；查找直流接地时的有关规定等。

5）其他应列入现场运行规程的事项。

（4）一次设备操作时，应特别注意如下事项：

1）高压电气设备充电时，必须有可靠的速动保护。

2）双母线各有一组电压互感器的厂站，正常情况下保护装置交流电压应取自该元件所在母线的电压互感器。倒母线操作拉、合母线隔离开关时，检查对应电压切换继电器的切换状态是否正确。

3）对 3/2 断路器接线方式，线路保护交流电压正常应取自该线路电压互感器。当交流电压回路在线路电压互感器与母线电压互感器间做切换操作时，对瞬时失压可能误动的保护装置应采取必要的防止误动的措施。

4）双母线接线方式，对设备进行由一组母线倒至另一母线操作时，应先将母联断路器的操作直流电源断开。

5）检查操作过程中出现的保护告警信号已复归。

6）检查双母线母差保护各间隔所在母线指示是否正确。

7）防止电压互感器二次向一次反充电。

8）切换电流回路时，防止开路。

9）对变压器操作完毕后，应按规定方式保留变压器接地中性点。倒换中性点接地方式时需按先合后拉的原则进行，同时注意间隙保护的操作。

10）3/2 断路器接线的断路器停运时，应注意纵联保护停信回路和重合闸方式的相应操作。

11）不停电的倒电源操作应尽量缩短合环时间。

（5）保护装置的所有启动、信号呼唤、异常告警等信息应有合理的解释，不能轻易复归。对运行中和检验中发现的缺陷，必须做好记录、统计、分析及上报工作。保护装置、录波器的打印报告应妥善保存，装置内的报告不得清除。

（6）保护装置发生异常时，现场运行人员应立即报告相应值班调度员和本单位运行管理部门，并按有关规定处理。同时二次检修室（或变电检修室）二次检修人员应按规定尽快到现场处理，必要时报告设备所在单位的有关领导。现场运行人员应将异常原因及处理结果及时报告相应值班调度员。

（7）保护装置动作后，现场运行人员应立即报告相应值班调度员和本单位运行管理部门，变电运行工区应及时通知二次检修室（或变电检修室）。现场运行人员应详细检查记录保护动作情况，分类收集保护装置报告及录波报告，而后复归信号。对无人值班站，可由监控中心现行进行详细记录。

（8）保护动作情况记录至少包括：

1）所有跳闸断路器编号、跳闸相别。

2）所有保护的出口动作信号和启动信号。

3）保护动作情况（跳合闸元件、动作时间、测距等）。

4）启动的故障录波器编号。

5）电网中电压、电流、频率等变化情况。

6）复用通道接口计数器的数值。

（9）用于充电的母联、分段及其他专用充电保护，一般在对相应一次设备充电时投入，充电完毕后退出。

（10）正常双母线运行的母联、分段断路器，除母差、失灵、非全相及变压器后备保护外，不准投入其他保护。

（11）一次设备停电时，如电流互感器、电压互感器、断路器、隔离开关等工作不影响保护装置运行时，保护装置可不退出，但应在一次设备送电前检查保护状态正常。一次设备检修时，保护装置传跳一次设备前，需确认相关设备的状态，并征得设备工作人员许可。

（12）3/2接线方式，线路、变压器等设备停电，如需要断路器成串运行时，应投入短引线保护。必要时，线路保护、变压器保护等电压回路可切换的，可进行切换并保持运行。

（13）一次设备操作时，要注意防止保护的拒动，应合理进行保护方式的切换操作。设备停电时，应先停一次设备，后停保护；送电时，应在合隔离开关前投入保护。

（14）微机型保护装置、故障录波器、信息子站等，投运时继电保护专业人员应校对时间（无论是否有GPS对时），进行采样检查、录波器手动录波检查等。现场运行人员应定期对微机保护装置进行采样值检查、可查询的开入量状态检查和时钟检查，检查周期一般不超过一个月，检查应做好记录。

（15）变电运行人员每年在迎峰度夏之前检查一次各厂站全站各微机型保护装置定值，与存档的正式定值单核对，并做好记录。检查可通过继电保护信息子站进行。

（16）运行中切换定值区的操作由变电运行人员完成。输入多套定值的保护，二次检修人员应在保护记录簿上将设备名称、保护定值、投入的条件与定值区的位置对应关系等交代清楚。对正常运行时只有一套定值的保护，各区定值宜整定一致。

（17）变电运行人员应妥善保管原始打印报告，并及时移交保护人员。保护动作时，打印信息应保持完整连续，不得人为中断。无打印操作时，应将打印机防尘盖盖好，并推入盘内。现场运行人员应每月检查打印纸是否充足、字迹是否清晰，负责加装打印纸及更换打印机色带。

（18）要加强对保护室空调、通风等装置的管理，明确检查、维护职责。现场运行人员发现异常后，要及时上报有关部门，维护人员要及时处理。如修理时间较长，应采取相应的替代措施。保护室内相对湿度不应超过75%，环境温度应在5～30℃范围内。

（19）要注意电焊机地线的接引问题，不能简单地利用厂站的接地网而省略焊机与被焊件之间的连线，应将电焊机二次侧的零线直接接至被焊件上。

（20）要注意保护改造后对电缆孔洞的封堵，重视电缆夹层及保护室的防小动物、防火、防尘、防电磁骚扰等工作。

3. 线路保护运行管理

（1）线路两侧的纵联保护应同步投入或退出。

（2）纵联保护投入时应注意：先投入两侧保护的通道设备，包括收发信机、音频接口、光电数字接口等通道接口设备及通道加工设备；两侧分别进行通道对试，对不经对试通道就可以判定通道状态的保护，应检查通道监视信号是否正常；确认通道正常后，再投入两侧相应的保护。

（3）纵联保护在下列情况下应退出：

1）转代方式下通道不能进行切换。

2）构成纵联保护的通道或相关的保护回路中有工作，可能造成纵联保护误动的。

3）构成纵联保护的通道或相关的保护回路中某一环节出现异常，可能造成纵联保护误动的。

4）对侧需关闭闭锁式纵联保护的直流电源。

5）对侧有工作，可能影响本侧保护的正常运行。

6）其他影响纵联保护安全运行的情况发生时。

（4）纵联差动保护在通道路由切换过程中，无特殊要求时可不退出。路由切换时，纵联保护会发出通道告警信号，现场运行人员在确认为通信路由切换后，应复归告警信号，并报值班调度员备案。

（5）保护应配有电压回路的监视或闭锁回路，监视点应全面。当保护失压时，纵联方向保护、纵联距离（零序）保护、距离保护等应退出运行，纵联差动保护可以不退出运行。

4. 110～220kV 重合闸运行管理

（1）110～220kV 线路，一般情况下均应视系统运行方式投相应的重合闸方式：

1）220kV 非辐射运行线路采用单相重合闸方式。

2）220kV 辐射线，含因运行方式变化而出现的临时辐射线，如果末端配置保护且能选相跳闸，则两端均采用单重方式；如果末端未配置保护或不能选相跳闸，则首端采用三重方式。

3）110kV 并网线路投检同期、检无压的三相一次重合闸。检无压重合闸，同时投检同期；检同期重合闸，不允许同时投检无压。

4）3/2 断路器接线方式，使用按断路器配置的重合闸，采用"顺序重合"方式。先重合母线断路器，后重合中间断路器。辐射线采用三重方式时，线路保护投三跳方式，母线断路器投三重，中间断路器投单重；母线断路器停运时，中间断路器改投三重。

（2）电厂出线的重合方式应结合机组特性的要求投入。电厂未提出特殊要求的，按一般线路重合方式投入。

（3）单回线路采用普通三相重合闸时，若受电侧有小电源，此小电源必须投入低频低压解列、联跳等自动装置，在线路或主变压器高压侧失电时，及时与电网解列，避免因三相重合闸导致小电厂与系统非同期并列。

（4）重合闸采用保护启动和断路器位置不对应启动的方式。

（5）220kV 线路的重合闸时间按线路有全线速动保护整定。若线路失去全线速动保护时间较长时，应依据稳定计算分析结果，采取停用重合闸或延长重合闸时间等措施。

（6）220kV 双母线、单母线、内桥接线的线路保护装置，两套均带有重合闸时，重合闸均投入，方式应保持一致。

（7）3/2 接线方式下，不使用线路保护装置带有的重合闸，但其方式设置应保证保护的出口方式正确。

（8）重合闸在下列情况下应停用：

1）运行方式改变，电网不允许重合闸时。

2）重合可能造成系统之间或系统与发电机之间非同期并列时。

3）断路器本身不允许重合时。

4）旁路断路器转代主变压器时。

5）线路上有人员带电作业要求停用时。

6）重合闸装置出现异常时。

7）重合闸检定回路的电压互感器、耦合电容器等设备停用时。

8）全电缆线路。

9）其他不允许重合的情况。

（9）两套重合闸配置的，其中一套重合闸装置异常时，可仅退出其合闸出口压板，不改变重合闸方式；两套重合闸均停用时，线路保护应改投三相跳闸方式。

（10）3/2 接线方式下，一个断路器的重合闸装置异常退出时，应拉开相应断路器，条件不允许时，也可将线路保护改投三相跳闸方式；两个断路器的重合闸装置异常均需退出时，线路保护应投三相跳闸方式。

5. 母线保护运行管理

（1）微机型母线保护将母线差动保护、母联充电（过电流）保护、母联非全相保护、断路器失灵保护等功能综合为一体，各个功能共享数据信息和跳闸出口。依具体情况，使用的功能可有所不同。

（2）对 220kV 电压等级的母线，正常不允许无母差保护运行。单套配置的母差保护安排检验时，应根据稳定计算结果，合理安排运行方式，采取必要的技术措施，尽量减少无母差保护运行的时间。

（3）对一次方式的要求如下：

1）配置微机型母线保护的厂站，允许隔离开关跨接两母线的同时再用旁路断路器转代某元件；配置非微机型母线保护的厂站，未经特别改造的，不允许隔离开关跨接两母线的同时再用旁路断路器转代某元件。

2）旁路断路器一般不应在异母线转代元件。

3）母线失去母差保护时，不宜进行母差保护范围内一次隔离开关的操作。

（4）差动保护出现电流互感器回路告警信号，或其他影响保护装置安全运行的情况发生时，现场运行人员应立即退出母线保护，汇报相应调度并要求二次检修人员按规定时间完成处理。

（5）下列情况应投入"非选择"方式：

1）采用隔离开关跨接两排母线运行时。

2）不停电进行倒闸操作期间。

3）其他需要投入"非选择"方式的情况。

（6）用母联断路器向空母线充电时，应投入"选择"方式。

（7）电压闭锁异常开放，等候处理期间，母线保护可不退出运行。

6．失灵保护运行管理

（1）双母线接线的，一般按站配置失灵保护；3/2 接线的，一般按断路器分别配置失灵保护。正常运行时，各断路器的失灵保护，包括启动回路、出口回路均应投入运行。

（2）失灵保护的退出要区分两种情况：

1）失灵保护退出：需退出该套失灵保护出口跳各断路器的压板。

2）启动失灵保护回路的退出：指将断路器所有保护的或某保护的启动失灵回路断开。一般情况下，只要保护有工作，都应注意将其启动失灵保护的回路退出。

（3）双母线接线方式下，电压闭锁回路不正常时，非微机型失灵保护应退出运行，微机型失灵保护在等候处理期间可不退出运行。

（4）母联、分段断路器启动失灵的保护仅应为充电保护、过电流保护和母差保护，启动失灵保护的压板应与相应保护的功能压板、出口压板对应投、退。变压器保护跳分段、母联断路器时，不启动分段、母联断路器的失灵保护。

7．变压器保护运行管理

（1）运行中的变压器不允许失去差动保护；重瓦斯保护退出时，仅允许变压器短时运行。重瓦斯保护退出，应预先制订安全措施，经生产主管领导批准，并限期恢复。

（2）变压器差动保护的运行：

1）未进行向量检查的差动保护，在对主变压器充电时也应投入跳闸。

2）变压器在调压时应注意调压分头不得超过保护定值单所限定的分头调节范围。

（3）遇下列情况之一时，差动保护应退出：

1）差流越限告警时。

2）装置故障时。

3）旁路断路器转代变压器断路器，倒闸操作可能引起差动保护出现差流时。

4）其他影响保护装置安全运行的情况发生时。

（4）变压器后备保护的运行：

1）变压器中性点接地运行时，间隙过电流保护退出运行，间隙过电流保护使用间隙放电回路的专用电流互感器时，可不退出。中性点不接地运行时，应投入间隙保护。

2）正常运行时，变压器各侧负荷电流均不得超过保护允许的数值。

3）变压器保护退出时，对设有联跳回路的变压器后备保护，应注意解除联跳回路的压板。

4）保护装置失压时，包括电压互感器停运或断线等，一般情况下，对应阻抗保护退出；对应方向元件退出（方向元件开放）；解除本侧电压闭锁对过电流保护的开放作用（过电流保护仍可受其他侧电压闭锁），但低压侧过电流保护例外，应使保护变为纯过电流保护；零序电压闭锁元件开放（零序电压闭锁过电流变为过电流保护）。

（5）变压器本体、有载分接开关的重瓦斯保护投跳闸，轻瓦斯保护投信号。压力释放保护、本体和绕组油温度保护等非电量保护均投信号（发电厂变压器参照执行）。

（6）遇下列情况之一时，重瓦斯保护临时改投信号：

1）变压器在运行中滤油、补油、换潜油泵或更换净油器的吸附剂时。

2）当油位计的油面异常升高或呼吸系统有异常现象，需要打开放气或放油阀门时。

3）在地震预报期间，根据变压器的具体情况和瓦斯继电器的抗震性能，可能导致重瓦斯保护误动时。

4）其他可能导致重瓦斯保护误动的情况发生时。

8. 旁路保护运行管理

（1）正常情况下旁路保护装置要通电运行，相关保护功能压板投入，保护出口压板退出，在运行检查、缺陷处理、定期检验、软件版本管理等各方面，应与正常投入运行的保护同等对待。

（2）旁路保护各转代定值应随被转代断路器的定值及时调整，并将转代不同断路器的保护定值分区存放在旁路保护装置中，以便于正确选用。保护投入前，应按规定进行定值核对等工作。

（3）不满足保护双重化配置要求的 220kV 旁路断路器，原则上不应长时间转代线路断路器。

（4）对切换纵联差动保护的旁路断路器，当旁路电流互感器变比与被代线路断路器不一致，需要线路对侧保护改定值时，不允许转代。

（5）旁路转代操作过程时，保护一般处于不正常状态，应尽量缩短旁路断路器与被转代断路器的合环时间，缩短保护与断路器不对应的时间，确保有能够有效切除此时被代设备故障的保护，允许在区外故障时失去选择性。

（6）母兼旁转代时，母差、失灵保护等应对母兼旁间隔的电流回路、出口回路进行必要的切换，投入必要的功能性压板。

（7）转代线路断路器时，应注意：

1）旁路断路器应具备完善的保护装置并可正常投入。

2）设定继续运行的纵联保护，应对纵联保护切换后的通道进行测试、检查，通道应正常并投入；设定不能继续运行的纵联保护，两侧应同时退出。

（8）转代变压器断路器时，应注意：

1）被转代变压器的差动、瓦斯及后备保护应能正常运行，并能跳旁路断路器。

2）对被转代侧，变压器保护的交流电流、交流电压回路及出口回路应进行必要的切换。

3）转代时变压器保护用电流互感器变比与正常不一致时，注意退出保护改定值。

4）变压器无电源侧的断路器，如果主变压器保护不能切至旁路电流互感器，一般不允许转代。确需转代时，保护动作时间应满足系统稳定要求。

5）在切换电流回路时，需要区分电流回路是切换至变压器套管电流互感器还是旁路断路器电流互感器。如果至少一套保护切换至套管电流互感器的，差动保护应先退出再切换；如果两套保护均切换至旁路断路器电流互感器的，切换过程中，差动保护可不退出，但需注意操作顺序，防止误封电流互感器回路。

6）变压器差动保护至少一套能切至旁路电流互感器时，旁路保护仅在向旁路母线充电时投入，充电良好拉开旁路断路器后即可退出。

7）变压器差动保护均切换至套管电流互感器时，应投入必要的旁路保护，且旁路保护能跳变压器所有电源侧断路器。在操作中需注意，在用旁路保护向旁路母线充电时，旁路保护仅应投入跳旁路断路器的压板；在用旁路断路器合环前，应再投入旁路保护跳主变压器其他侧断路器的压板。

8）退出变压器保护中对应被代断路器的非全相保护，投入旁路断路器的非全相保护。

9. 其他保护的运行管理

（1）开关的充电和过电流保护：

1）母联、分段断路器充电保护一般仅在充空母线时使用。

2）主变压器和线路正常送电时一般不投入充电和过电流保护。

3）充电和过电流保护，必须注意功能压板、跳闸出口压板和启动失灵压板要对应投、退。

4）母线保护中的充电和过电流保护一般不闭锁对应的母差保护。

（2）3/2接线方式的短引线保护，正常不投入运行。当线路或变压器停运而断路器又成串运行时短引线保护必须投入。短引线保护的投、退应由压板控制。

（3）正常运行方式下，远方跳闸保护一般经就地判别装置出口跳闸。当过电压保护、电抗器保护等启动远方跳闸的保护停运时，需同时解除其启动远方跳闸的回路。而当恢复该停运保护时，也应同时恢复其启动远方跳闸的回路。通道异常或就地判别装置异常时，远跳保护应退出运行。双通道传送远跳信号的，单一通道异常时，远跳保护可短时运行。

10. 故障录波器和信息子站的运行管理

（1）各厂站的故障录波器和信息子站，按变电站所属的单位进行调度和管理。故障录波器投停按所录制的一次设备的调度权履行调度许可手续。

（2）正常情况下，故障录波器和信息子站必须投入运行。定期对主站、分站、子站系统进行例行检查。装置及远传通道异常时，应立即通知变电运行人员处理。若需退出，必须向相应的调度机构办理申请和许可手续。

（3）基建工程投运时，其相应的故障录波器和信息子站必须保证定值核对正确并同时投入运行。

（4）应配有专用U盘、移动硬盘等文件存储介质。现场运行人员应及时打印报告，清理更换打印纸。

（5）设备跳闸后，变电运行人员应立即向故障设备的调度机构汇报录波情况。

（6）录波器后台计算机、信息子站后台计算机为专用计算机，不得用其进行与录波、信息收发无关的工作，任何人员不得越权限工作。应定期使用正版防病毒软件，检测清除病毒。远方调用或现场拷取数据时，要采取措施防止病毒通过远方调用或磁盘进入录波器和信息子站。对远方调用数据的计算机，包括信息主站、分站，要做好防病毒工作。

11. 保护装置异常处理

（1）保护装置运行期间出现异常时：

1）变电运行人员应根据现场运行规程进行处理，对缺陷进行初步分类，立即向相应值班调度员和运行管理部门汇报，运行管理部门应及时通知二次检修室（或变电检修室）。

2）值班调度员要根据异常情况，对相关的保护及一次设备进行必要的处置，并做好记录。

3）二次检修人员应在接缺陷通知后，判断缺陷性质，到现场进行处理，并将缺陷情况及时告知本单位保护专业管理部门。

4）各地市公司继电保护专业管理部门要及时了解缺陷情况，必要时，向上级保护专业管理部门上报。

（2）设备缺陷按严重程度和对安全运行造成的威胁大小，分为危急、严重、一般三个类别。

1）危急缺陷指性质严重，情况危急，直接威胁安全运行的隐患，应当立即采取应急措施，并积极组织力量予以消除。一次设备失去主保护时，一般应停运相应设备；保护存在误动风险时，一般应退出该保护；保护存在拒动风险时，应保证有其他可靠保护作为运行设备的保护。

2）严重缺陷指设备缺陷情况严重，有恶化发展趋势，影响保护正确动作，对电网和设备安全构成威胁，可能造成事故的缺陷。严重缺陷可在二次检修人员到达现场进行处理时再申请退出相应保护。缺陷未处理期间，变电运行人员应加强监视，保护有误动风险时应及时处置。

3）一般缺陷指性质一般、情况较轻、保护能继续运行、对安全运行影响不大的缺陷。一般缺陷可列入检验计划中予以消除。

第五节　继电保护安全管理

随着"大电网"建设发展，继电保护呈现出设备配置繁杂、运检点多面广、组织节点众多等多元化特点，继电保护现场标准作业和安全风险防控要求在适应电网未来发展上仍存在一定差距。经验教训表明，基础性安全管理和现场工作的疏忽，是造成继电保护事故的主要原因，必须清醒地认识到，安全有序地抓好现场继电保护作业工作并提高工作质量，是保障电网安全稳定运行的前提。在新时期、新形势、新业态之下，进一步深化继电保护现场作业安全管控能力建设，已成为保障电网安全稳定运行的迫切要求，同时也是继电保护专业管理体系自身发展的内在需求。

一、专业管理理念

面对日益复杂变化的电网业务模式和现场作业安全管控需求，深度扩展国家电网公司《生产现场作业"十不干"》安全内涵，有效落实《继电保护安全工作要点》要求，坚持继电保护现场作业风险"前置预防、过程控制、时候评估"全过程闭环管控机制，有效增强电网第一道防线作业内在的"风险预防"和"事故抵御"能力。

二、专业管理目标

以继电保护生产计划为导向，合理安排人力、物力，逐项明确作业流程中作业计划、作业准备、作业实施各环节管控内容和要求，形成标准工作程序，通过对各个环节实施流程化安全管控，落实各环节标准化管控措施和要求，使作业每个环节都处于受控状态。尤其针对大型复杂作业，细化"三措一案"制订，确保作业人员在开始工作前做足准备，谋划好作业工序，制订风险控制措施，实现风险超前预防、事故防范关口前移。以"两票三制"执行为核心，以规程规范为依据，明确作业风险和实施阶段控制措施执行标准，强化生产作业安全管控的管理层级和执行层级责任落实，达到"安全管控流程化、作业执行标准化"。

三、作业现场安全管理

1. 作业前期准备

（1）强调继电保护"三分作业七分准备"。每月 5 日前二次检修室（或变电检修室）上报下月周校、大修、技改等生产计划，针对保护更换等大型或复杂生产作业，由电力调度控制中心继电保护设备管理专责组织二次运检班组、施工单位、设计单位对现场作业准备、风险防控、人员配置、施工方案等进行研讨，二次检修室（或变电检修室）二次运检班组及施工单位根据研讨结果修正完善工作方案并做好开工前准备，并经电力调度控制中心再次审核同意。

（2）前置开展风险辨识和专题培训。高度重视重要和复杂保护装置作业，固化开展母线保护、失灵保护、主变压器保护、远方跳闸、有联跳回路的保护装置，以及存在跨间隔 SV、GOOSE 虚回路联系的智能装置等现场工作的风险辨识，二次检修室（或变电检修室）管理专责除按规定完成作业指导书（卡）和继电保护安全措施票的审核外，还应组织作业人员开展专题培训。

（3）创新继电保护专题培训模式。发挥继电保护 VR 仿真平台效能，依托交互式三位动态视景，实现真实设备对虚拟设备的完美映射；通过现场作业全过程的动态模拟，让模拟培训操作在时间维度上实现可回溯、可重现、可反演，在管理维度上实现可预警、可预设、可优化，在体验维度上实现听觉、触觉和心理感受并重，进一步丰富和开拓员工培训模式，固化现场工作流程，规范标准化作业行为，提升现场作业安全水平。

2. 作业现场实施

运维检修部根据生产计划组织二次检修室（或变电检修室）二次运检班组开展继电保护生产检修，车间管理专责及电力调度控制中心管理专责应执行全程到岗到位要求，开展现场工区、电力调度控制中心两级协同监督，重点督导检查标准化作业流程执行、《生产现场作业"十不干"》及《继电保护安全工作要点》要求落实，实现现场工作安全和质量的"可控、在控、能控"。

（1）作业风险及防控措施上"卡"、上"屏"、上"栏"。上"卡"就是将整个作业流程风险及防控措施固化到"两卡"（安全控制卡和工序质量卡）每一个作业步骤和作业地点，上"屏"就是作业现场每个工作屏位设置本屏风险提示、工作内容及注意事项，上"栏"就是将工作内容、风险防控、作业组织和工作进度全部列入"标准化检修作业公式栏"实施掌控。作业风险及防控措施上"卡"、上"屏"、上"栏"保障了风险防控提示、执行在"意识"上全方位警示，在"物理"上无死角覆盖。作业风险及防控措施上"卡"、上"屏"、上"栏"示例分别如图3-1～图3-3所示。

图 3-1　作业风险及防控措施上"卡"示例

（a）安全控制卡；（b）工序质量控制卡

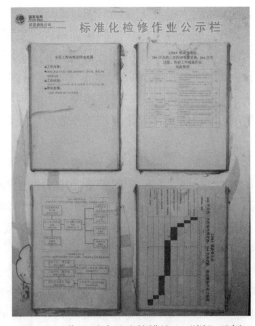

图 3-2　作业风险及防控措施上"屏"示例　　图 3-3　作业风险及防控措施上"栏"示例

（2）作业现场"一长＋一员"人员组织保障。针对大型、复杂作业现场，实行一个作业小组配置一个"小组长"＋一个"安全员"，小组长由工作负责人担任，负责现场作业流程管控，安全员由经验丰富的老师傅担任，负责每个作业环节的安全把控，在做好"严细实"工作作风传承的同时，扎实保障现场风险风控措施落实。"一长＋一员"人员搭配模式示例如图3-4所示。

（3）施行作业现场"三会"机制。作业现场"三会"制度示例如图3-5所示。

图3-4 "一长＋一员"人员搭配模式示例　　　　图3-5 作业现场"三会"制度示例

1）开工前交底会：每日作业前由总工作负责人组织全体作业人员召开安全交底，分工作负责人负责作业范围内安全交底，尤其针对外协施工队伍做好"双确认"录音。

2）午后安全会：每日午后利用休息时间开展现场"安全三十分"会，各工作负责人负责汇报当前工作进度及需现场解决的问题。

3）收工总结会：每日收工后由分工作负责人汇报当日工作进度及难点，总负责人总结当日工作亮点及不足，协调解决现场问题并布置次日工作。

（4）常态实施全回路状态诊断。在历年继电保护设备验收、缺陷处置、动作跳闸、隐患排查等基础上，提炼二次重点回路、隐蔽回路诊断排查方案、控制措施及整改措施并纳入工作标准化流程，随工作现场工作常态开展二次回路诊断。

（5）工区、电力调度控制中心两级协同监督。严格执行管理人员到岗到位要求，二次检修室（或变电检修室）二次检修专责和电力调度控制中心继电保护管理专责严格执行到岗到位要求，加强现场安全督导把关，重点检查《生产现场作业"十不干"》和《继电保护安全工作要点》要求落实以及标准化作业执行，做到大小现场一起抓，切实保障现场作业安全。

（6）建立工作现场安全微信管控群。健全工作现场双向反馈的微信管控平台，将电力调度控制中心全体管理专责、二次检修室（或变电检修室）管理专责及班组核心人员全部纳入，工作中遇到的疑点、难点问题，二次检修室（或变电检修室）随时做到"自下而上"反馈，电力调度控制中心全力做好现场缺陷处置、反措执行、安措管控等"自上而下"协同服务及技术指导，从而实现沟通效率提升、现场安全管控实时掌控。

（7）施行现场作业"三级验收"。即工作负责人验收、班组验收、工区验收。现场工作结束后工作负责人首先对工作执行情况、反措落实情况、安措恢复情况等开展自验收，而后由工作负责人会同班组负责人（班长或副班长）开展联合验收，最后由工作负责人会同工区管理人员（二次检修专责）开展复检验收，三级验收需工作负责人、班组负责人、工区管理人员在工序质量卡中逐级履行确认签字。

3. 作业后期评估

每周现场工作后评估。二次检修室（或变电检修室）二次运检班组结合每周一安全日活动，常态开展周现场工作后评估，一是由各工作负责人分享上周工作中的危险点防控典型做法、现场作业环节优化、工作难点及解决措施；二是各工作负责人汇报本周工作准备情况及风险点辨识和防控措施；三是班组核心组人员（班长、副班长、技术员）就上周工作完成情况进行点评，就本周工作计划进行安全要点补充。

每月 30 日前，二次检修室（或变电检修室）将月度现场评估报告上报电力调度控制中心（内含自查短板、解决措施、亮点做法和需上级部门协调解决的问题），电力调度控制中心综合统筹现场监督发现的问题及二次检修室（或变电检修室）上报的评估报告，编制公司继电保护现场作业评估报告，并在公司继电保护月度例会进行发布。

二次检修室（或变电检修室）根据公司继电保护月度例会发布的作业现场评估报告，制订整改措施并及时向电力调度控制中心反馈，电力调度控制中心在工作现场检查整改落实情况。

第六节 定 值 管 理

一、整定方案的编制

（1）地区供电公司电力调度控制中心继电保护专责应依据国家电网公司及各网省公司的继电保护整定方案说明，结合本地区电网发展变化，每年 2 月前编制继电保护年度整定方案说明。

（2）整定方案应包括各种保护装置的整定原则，特殊运行方式下的问题分析与对策，方案存在的主要问题及改进意见，方案对系统运行的要求、限制等。

二、定值计算及定值通知单管理

1. 定值计算范围划分

地区供电公司电力调度控制中心继电保护整定计算范围涵盖县调调度管辖范围的设备，不包括柱上断路器、用户变电站设备等。

由地区供电公司电力调度控制中心调度的并网发电厂的变压器零序保护由地区电力调度控制中心计算，发变组保护等其他保护定值由电厂负责整定计算。

继电保护专业负责电气量保护的定值计算工作，线路过电压保护以及电网安全自动装置（包括各种解列装置、同期并列装置、联切装置、稳定控制装置、低频低压减载装置、备自投装置等）由电网运行方式专业负责计算。主变压器非电量保护由运维检修部提供书面签字盖章的整定原则，继电保护专业负责编制定值通知单，运维检修部主变压器专责校核并签字。

2. 定值计算参数收集

变电站新、改、扩建工程，建设部变电工程管理岗位人员提供确切的投运时间，并提前 90 天向电力调度控制中心继电保护定值整定人员提供工程设备参数等相关资料。

变电站内大修、技改、无人值守改造工程，应在设备投运前 15 天，由二次检修室（或变电检修室）变电二次检修技术岗位人员向电力调度控制中心继电保护室定值整定人员提供保护装置有关资料，未按规定时间提供有关资料时，保护定值的提供时间允许顺延相应天数。

线路更换地线、杆塔、路径等时，运检部输电运行技术 1 岗位人员、输电运行技术 2 岗位人员提前两周向电力调度控制中心继电保护定值整定人员报送有关资料，影响较大时，重新测试参数。

营销部市场及大客户室大客户经理班班长在所辖设备新改、扩建工程投运前 15 天向电力调度控制中心继电保护定值整定人员报送继电保护参数。

并网小电厂及用户工程单位参数报送人员在并网启动 30 个工作日前向电力调度控制中心地区电网继电保护整定计算管理岗位人员报送继电保护参数。

工程投产前，110kV 及以上系统主设备参数和线路参数，均应进行实测，实测参数由建设部、运检部等单位负责继电保护参数报送人员在工作完成 3 天内向电力调度控制中心继电保护定值整定人员提供实测参数报告。

资料包括一次设备参数、出线切改方案及参数、继电保护装置资料（说明书、定值清单、软件版本）、二次图纸、主接线图等资料、工程投产计划及进度安排、新建、改扩建工程及设备的运行方式说明、设备命名通知单。

3. 定值整定

电力调度控制中心继电保护专责对收集的参数进行校核，并将参数录入整定计算程序。定值计算应符合相关技术标准。河北南网定值整定执行的技术标准见表 3-2。

表 3-2　　　　　　　　　　　河北南网定值整定执行的技术标准

序号	名称	执行章节	编号
1	3kV~110kV 电网继电保护装置运行整定规程	5、6	DL/T 584—2007
2	大型发电机变压器继电保护整定计算导则	5、6	DL 684—2012
3	220~750kV 电网继电保护装置运行整定规程	6、7	DL/T 559—2007
4	国家电网继电保护整定计算技术规范	4~8	Q/GDW 422—2010
5	国网河北省电力公司关于印发继电保护整定规范的通知	1~6	冀电调〔2016〕31 号
6	河北南部电网继电保护运行规程	6.5	冀电调〔2015〕47 号
7	河北南部电网输变电工程投运管理及资料报送工作规范	4	冀电调〔2017〕10 号

电力调度控制中心地区电网继电保护整定计算人员及配网继电保护整定计算人员在收到保护参数 5 日内完成对继电保护参数的审核，核对保护装置软件版本是否为国网发布且省公司专业管理部门确认的版本，如有问题立即反馈参数上报部门予以升级；对审

查出的不合格参数督促上报部门于 2 日内完成核查并进行重新上报，并将参数录入整定计算程序；如保护涉及通信资源的使用、退出和变更应提前 10 个工作日由电力调度控制中心地区电网继电保护整定计算管理岗位人员向信通分公司信通工程建设技术人员提出申请。

110kV 及以上系统继电保护整定计算所需的主设备参数和线路参数，必须采用实测值。参数无实测值前，电力调度控制中心继电保护定值整定人员可先采用理论值计算，待提供实测值 2 日内，进行再校验。

系统运行方式变化时，电力调度控制中心继电保护定值整定人员应根据省电力调度控制中心提供的数据，一周内完成对所辖电网范围内的定值进行核算和修改。

进行配网继电保护定值整定时，配网继电保护整定计算人员应按照相关要求，综合考虑配网保护装置的级差配合，尽可能缩小停电范围，提高用户供电可靠性。

4. 定值通知单的编发与执行

在整定定值时如有疑问，定值单执行人员应与电力调度控制中心定值计算人电话联系，如需修改定值通知单时，执行人应在修改处注明修改日期、修改人、通知人，3 日内定值计算部门出具正式定值通知单并下发。

二次检修室（或变电检修室）保护人员现场整定完毕当日打印定值清单并注明定值区号。

运行人员与保护人员将保护装置打印定值清单与调度下发定值通知单进行逐项核对，无误后双方在打印定值和调度下发定值通知单上分别签写核对时间及核对人姓名。远方改定值参照相关国家电网公司及网省公司相关规定。

各厂站运行值班人员每年应打印一次全站各微机型保护装置定值，与原存档定值核对，并在打印定值通知单上记录核对日期、核对人，保存该定值至下次核对。此项工作应安排在每年春检之后、迎峰度夏之前。

5. 定值通知单的归档

电力调度控制中心下发的正式定值通知单在执行完毕后 2 日内，由变电二次运检班组、运行人员、地区调度班、县调控分中心调度员分别电子签字后在"继电保护定值管理系统"中归档保管。

二次运检班工作人员应打印一份纸质定值通知单，现场定值修改、核对完毕后和变电站运行人员分别签字，并交由运行人员在站上归档保管。

定值计算及定值通知单管理依据国网公司"五位一体"协同管理平台中的《继电保护整定计算工作管理流程》及《继电保护定值单管理流程》，执行继电保护定值管理流程。

6. 继电保护定值在线校核及预警管理

系统参数变化后一周内，电力调度控制中心地区电网继电保护整定计算技术岗位人员依照国网（调/4）334—2014《国家电网公司继电保护定值在线校核与预警运行管理规定》第二章第四条、第三章第十至十九条、第四章第二十条至第二十六条及第六章第三十条要求组织对定值在线校核与预警管理模块的维护与参数实时更新，并利用"定值在线校核系统"对电网实时运行方式进行保护定值灵敏性和选择性的校核，根据定值在线校核结果列计划进行定值修订。

三、系统综合阻抗管理

地区供电公司电力调度控制中心继电保护专责每年 12 月计算有小电源并网的 220kV 变电站的 110kV 母线等值阻抗，并报省公司继电保护处。

四、并网小电厂定值管理

并网小电厂的并网联络线及相应母线保护、主变压器零序过电流保护、系统录波器的定值由电力调度控制中心地区电网继电保护整定计算人员在定值执行前 2 日内进行计算，其他保护定值由各电厂定值计算人在执行前 2 日内负责计算，定值计算参照 GB/T 31464—2015《电网运行准则》6.11.1 执行。电力调度控制中心地区电网继电保护整定计算人员对电厂发变组保护中的定时限相过电流保护与系统保护的配合关系负审核责任。

五、定值计算技术支持系统建设及运维

根据继电保护定值计算及管理需要，地区电力调度控制中心继电保护专责负责建立、完善继电保护定值计算技术支持系统。定值计算技术支持系统包括省地县调定值计算系统、定值执行管理系统、定值在线校核系统、计算数据交换及文档管理系统等，系统应满足规程规范要求。

继电保护专责每日使用定值计算技术支持系统，进行例行巡查。发现支持系统缺陷时，通知支持系统运维人员，跟踪缺陷处理情况。

第七节 继电保护专业管理其他要求

一、继电保护故障信息系统管理

1. 系统建设

电力调度控制中心继电保护专责不定期检查指导全网继电保护故障信息系统的建设情况，继电保护故障信息系统的建设应符合 Q/GDW 273、GB/T 14285 的要求。

对新建 220kV 变电站，电力调度控制中心继电保护专责应负责监督同步建设故障信息系统子站并接入故障信息系统主站和分站。

新建子站拟接入继电保护故障信息系统前 7 个工作日，由电力调度控制中心继电保护专责告知河北电力调度通信中心继电保护处系统运行岗位。

地区供电公司电力调度控制中心继电保护专责收到网省电力调度通信中心继电保护处分配的信息子站和录波器的网络地址后 2 日内提供给相应使用单位。

电力调度控制中心继电保护专责督促检查新建工程投运时，其相应的子站配置、联调正确，并同步投入运行，不定期检查审核接入情况。

2. 系统运行

电力调度控制中心继电保护专责负责定期对地区电力调度控制中心继电保护故障信息系统分站进行例行检查，并对检查结果进行记录。定期检查周期一般为 1 周，检查项

目包括：分站工作情况、与子站通信情况、时钟情况、主站硬盘使用情况等。

继电保护故障信息系统出现异常时，电力调度控制中心继电保护专责负责督促相关单位在24h内进行检查、处理。

电力调度控制中心继电保护专责应每年至少监督检查1次故障信息系统的安全保密情况。

二、继电保护专业基础信息收集与分析

1. 继电保护基础信息收集

地市供电公司继电保护专业各级管理人员，均应建立以下基础信息：所辖设备基础台账信息、反措台账、备品备件台账、仪器仪表台账、状态评价报告、月度缺陷分析报告、大修技改报告、保护动作分析报告、大修技改总结、反措落实总结等。

继电保护专业各级人员在编制专业发展规划和计划时，应结合专业基础信息数据开展，用专业基础数据支撑规划和计划目标和指标的制订。

继电保护专业基础信息由变电检修、运行维护工区提供，继电保护专业基础信息统一由电力调度控制中心继电保护专责归口管理，其他部门如需继电保护专业基础信息，应通过电力调度控制中心继电保护专责获取，保证渠道一致，避免同一信息资料多个部门重复向工区索取。

2. 继电保护专业综合分析

二次检修室（或变电检修室）应对管辖设备缺陷及运行状况进行月度、季度、年度分析，对存在问题的运行设备提出整改措施。

二次检修室（或变电检修室）应于每年7月5日前报本工区上半年专业工作总结及下半年工作思路，每年1月5日前报本工区上年度缺陷分析、设备分析、专业工作总结及本年度工作思路；电力调度控制中心每年7月10日编写上半年专业工作总结及下半年工作思路，每年1月10日前编写上年度设备分析、缺陷分析、专业工作总结及本年度工作思路。

电力调度控制中心继电保护专责对承担的继电保护专业同业对标指标进行分析，编写指标分析报告。在梳理专业管理现状的基础上，选定标杆，对比分析，优化流程，改进管理，形成典型经验。

电力调度控制中心继电保护专责第一季度组织召开一次继电保护年度专业会，对上年度继电保护设备运行情况，包括缺陷情况、隐患情况、反措落实情况、大修技改完成情况、检验完成情况、年度指标完成情况，包括同业对标指标及业绩考核指标，以及工作中存在的突出问题、下年度工作开展思路等进行总结，编写继电保护专业年度总结、继电保护设备年度运行分析报告、继电保护设备年度缺陷分析报告。

电力调度控制中心继电保护专责根据继电保护专业年度综合分析结果，组织专业技术管理网络人员修订专业发展规划，制订年度工作计划。

三、对基层单位继电保护专业的检查与指导

1. 专业技术培训与交流

（1）电力调度控制中心每年组织保护人员进行至少2次继电保护专业新技术、技术

规程的培训。

（2）电力调度控制中心 1 个月内对上级下发的继电保护技术标准、规程，进行宣贯。

（3）运行人员通过培训应至少掌握以下方面的内容：电网继电保护及安全自动装置运行细则；时钟的查看及修改方法；查看及打印微机继电保护装置报告的方法，报告的含义；查看采样值及差动保护差流的方法，如何判断其异常；切换保护定值区的方法及步骤；继电保护压板的投、退原则，微机保护软压板使用方法；继电保护缺陷的分级、分类，区分继电保护缺陷与其他专业的缺陷。

2. 专业管理工作检查

电力调度控制中心继电保护专责每季至少组织开展一次设备管理和专业管理要求落实工作检查。

检查出的问题没有落实整改的，电力调度控制中心继电保护专责向电力调度控制中心主管主任提出考核建议。

四、检查与考核

电力调度控制中心对继电保护专业管理活动进行检查并对所列的指标进行评价，依据评价结果提出考核意见。评价项目与指标见表 3-3。

表 3-3　　　　　　　　　　　　　评 价 项 目 与 指 标

序号	评价项目	评价指标	责任部门
1	继电保护	故障快速切除率	电力调度控制中心、二次检修室（或变电检修室）、变电运维室
2	微机继电保护装置软件版本管理	软件版本审核率	电力调度控制中心、二次检修室（或变电检修室）、变电运维室
3	继电保护通道管理	通道开通率	电力调度控制中心、二次检修室（或变电检修室）、运维检修部
4	继电保护装置校验管理	检验完成率	电力调度控制中心、二次检修室（或变电检修室）、变电运维室
5	继电保护整定计算	定值计算正确率	电力调度控制中心

五、继电保护梯队建设

继电保护专业作为地市供电公司的一线"拳头"班组，除了要对二次设备进行日常的"体检"外，还要对二次设备进行"治病"，比如说消缺、大修技改等工作，以保证电网"中枢神经"健康。继电保护作为技术性很强的专业，其作业人员的培养往往较其他专业周期更长，其规律一般来说 1 年以上入门，3 年培养一名合格的工作负责人，4~5 年培养一名核心组人员，班长及专责则更是需要 5 年以上的工作经验，因此建立可持续发展的继电保护队伍是一项长期、持续的工作。

作为地市供电公司就要立足继电保护可持续发展，搭建人员梯队，一是要加大继电保护专业人员培训力度。除了常规开展日常继电保护培训以外，积极拓展"走出去、请进来""在线交流平台"等模式，同时依托各种竞赛、比武等契机，"以点带面"打造继电保护领域技术专家。二是要拓展继电保护成才途径。从地区供电公司层面突出继电保护优秀专家人才的"头雁"引领作用，对专业优秀专家人才给予一定的荣誉称号及待遇，鼓励班组人员从管理晋升和技术专家两方面纵向发展，从而提升对继电保护专业"严细实"工作作风和"高精尖"专业定位的认同感和归属感。

总之，地市供电公司就是要紧跟继电保护业务前沿技术发展，精准投放培训资源，构建"省-地-县"三级技术培训体系，搭建结构合理的专业技能梯队；同时依托矩阵化专业管理模式，大力推进"一专多能"继电保护技术管理队伍建设，锤炼管理协调组织能力，提升管理人员站位，以多元化培训推动继电保护"实深精能"和安全复合能力提升，为保障继电保护核心业务本质安全提供人员、技术保障。

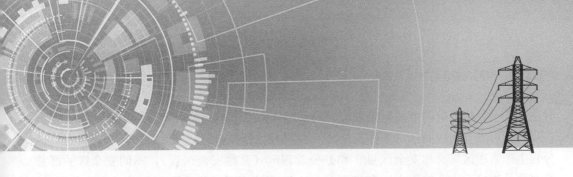

第四章　地区电网自动化技术及专业管理

第一节　地区自动化概述

一、主站部分

智能电网调度控制系统由基础平台和实时监控与预警、调度计划、安全校核、调度管理四类应用组成。实时监控与预警类应用是电网实时调度业务的技术支撑，主要实现电网运行监视全景化，安全分析、调整控制前瞻化和智能化，运行评价动态化。调度计划类应用是调度计划编制业务的技术支撑，主要完成多目标、多约束、多时段调度计划的自动编制、优化和分析评估。安全校核类应用是调度计划和电网运行操作（操作任务、操作票）安全校核的技术支撑，主要完成多时段调度计划和电网运行操作的安全校核、稳定裕度评估，并提出调整建议。调度管理类应用是实现电网调度规范化、流程化和一体化管理的技术保障。主要实现电网调度基础信息的统一维护和管理。

二、厂站部分

变电站自动化系统是指利用微机技术重新组合与优化设计变电站二次设备的功能，以实现对变电站的自动监视、控制、测量与协调的一种综合性自动化系统。

变电站二次设备主要包括控制、测量、信号、保护、远动装置和自动装置。因此，变电站自动化是自动化技术、通信技术和计算机技术等技术在变电站领域的综合应用。变电站自动化可以收集到较为齐全的数据和信息，具有计算机高速计算能力和判断功能，能够方便地监视和控制变电站内各种设备的运行及操作，实现运行管理的智能化。

变电站自动化系统是以计算机技术为核心，将变电站的保护、仪表、中央信号、远动装置等二次设备管理的系统和功能重新分解、组合、互联、计算机化而形成，通过各设备间相互信息交换、数据共享，完成对变电站的运行监视和控制。

三、网络防护部分

调度数据网（SGDnet）是为电力调度生产服务的专用数据网络，是调度中心之间及调度中心与厂站之间传输和交换数据的平台，调度数据网双平面网采用三级星形拓扑结构，一级汇聚层为地调及地区集控中心、二级汇聚层为县调（县调备）及三级为35kV接入层。调度数据网双平面建设完成，110kV站直接接入双平面骨干节点，35kV站通过县调双汇聚节点分别上联双平面骨干节点。已实现网络的双平面和扁平化，提高了网络可靠性和业务保障能力。同时，提升了网络的可扩性和规模效益，满足了网络可持续发展需求。

高度重视电力监控系统网络安全防护，根据国家和行业相关要求，按照"安全分区、网络专用、横向隔离、纵向认证"的原则建立了较为完善的纵深安全防护体系，同时注重安全管理。电网电力监控系统原则上划分为生产控制大区和管理信息大区。生产控制大区可以分为控制区（又称安全区 I）和非控制区（又称安全区 II），管理信息大区分为生产管理区（又称安全区 III）和办公管理区（又称安全区 IV），不同安全区的严禁纵向交叉连接。生产控制大区和管理信息大区直接实现了物理隔离，通过电力专用正、反向隔离装置传输数据。生产控制大区的控制区和非控制区之间实现了逻辑隔离，通过防火墙传输数据。管理信息大区内部的生产管理区和办公管理区之间实现了逻辑隔离，通过防火墙传输数据。大区内部严格按照《电力监控系统安全防护规定》进行了系统和设备的安全加固。调度主站系统直接和厂站间通信通过专用电力调度数据网，并部署了纵向加密装置，各系统通信通过调度数字证书进行身份认证。

四、电量采集部分

电量采集 TMR 系统采用省地两级分布式采集、省调集中存储架构，依托全电网实时模型数据平台的电网模型，获取所有 35kV 及以上厂站电网模型和实时数据；省级调控中心基于建设一套功能完整的主系统，接入 220kV 以上变电站和省调调管电厂的电量数据；6 家地级调控中心各部署一套采集子系统，接入 110kV 及以下变电站和地县调调管电厂的电量数据。通过调度数据网与变电站和具备调度数据网设备的并网发电厂电量采集器通信，采集电量信息，实现河北电网各级关口全量信息采集。

五、视频系统部分

视频系统由主站系统和厂站硬盘刻录机 DVR 组成，实现对变电站的实时监视，重点在重点设备和部位进行视频镜头的布控，一般情况下，220kV 变电站镜头布控不少于12 个，110kV 变电站镜头不少于 8 个。

第二节 主 站 部 分

一、系统总体概述

1. 系统总体架构

国、网、省三级调度智能电网调度控制系统的总体架构如图 4-1 所示。

如图 4-1 所示，主调系统和备调系统应采用完全相同的系统体系架构，具有相同的功能并实现主、备调的一体化运行；横向上，调度系统内通过统一的基础平台实现四类应用的一体化运行以及与公司信息系统的交互，实现主、备调间各应用功能的协调运行以及主、备调系统维护与数据的同步；纵向上，通过基础平台实现各级调度控制系统间的一体化运行和模型、数据、画面的源端维护与系统共享，通过调度数据网双平面实现厂站与调控中心之间、各调控中心之间的数据采集和交换；系统应满足国家发改委〔2014〕第 14 号令的要求。

智能电网调度控制系统应用与基础平台的逻辑关系图如图 4-2 所示。其中，应用类是由一组业务需求性质相似或者相近的应用构成，用于完成某一类的业务工作；应用是由一组互相紧密关联的功能组成，用于完成某一方面的业务工作；功能是由一个或者多个服务组成，用于完成一个业务工作。服务是组成功能的可被重用的最小单元，最小的功能可以没有服务。智能电网调度控制系统包括 4 个应用类、27 项应用和若干功能。

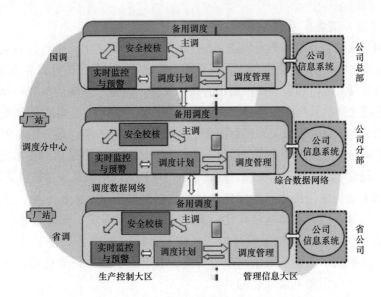

图 4-1 国、分、省三级智能电网调度控制系统的总体架构示意图

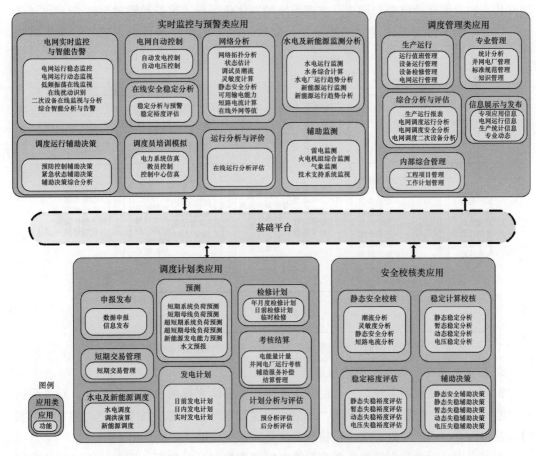

图 4-2 智能电网调度控制系统应用与基础平台的逻辑关系图

2. 基础平台与四类应用的关系

智能电网调度控制系统四类应用建立在统一的基础平台之上,平台为各类应用提供统一的模型、数据、CASE、网络通信、人机界面、系统管理以及分析计算等服务,平台负责为各类应用的开发、运行和管理提供通用的技术支撑,为整个系统的集成和高效可靠运行提供保障。应用之间的数据交换通过平台提供的数据服务进行。智能电网调度控制系统四类应用与基础平台的数据逻辑关系示意图如图 4-3 所示。基础平台是智能电网调度控制系统的基础,负责为各类应用的开发、运行、通信和资源管理提供通用的技术支撑,为整个系统的集成和高效可靠运行提供保障。基础平台与应用之间的关系应遵循以下原则:

(1) 基础平台为应用提供开发接口,包括数据交换机制、人机支撑、数据存储、网络服务和系统管理功能,接口应多样化,满足应用的不同需求,支持业务定制和调整。

(2) 基础平台为应用搭建集成环境,基础平台提供电网公共模型和丰富的数据资源,提供安全防护技术支持、数据同步与传输、节点的集群管理等功能,支持横、纵向业务的集成,以及应用和基础信息的共享。

(3) 基础平台为应用实施运行监控,应用进行软硬件及资源注册,基础平台提供软硬件状态和资源环境监控与调度,实现系统的一体化运行、维护和管理。

(4) 基础平台为应用建立维护环境,实现统一的用户注册登录,建立安全管理机制,提供多层次、多角度的维护工具,实现系统资源、各类应用和业务数据的人机交互,完成各类应用的集成配置和维护。

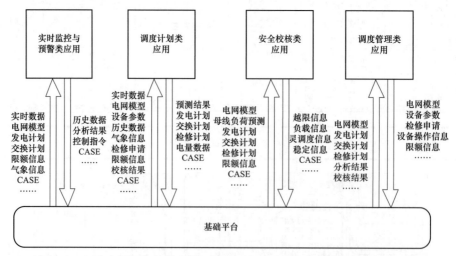

图 4-3　智能电网调度控制系统四类应用与基础平台的数据逻辑关系示意图

3. 四类应用之间的数据逻辑关系

智能电网调度控制系统是一套面向调度生产业务的集成的、集约化系统,对电网运行的监视、分析、控制、计划编制、评估和调度管理等业务提供技术支持。主要分为实时监控与预警、调度计划、安全校核和调度管理四类应用。

四类应用之间的数据逻辑关系在智能电网调度控制系统内部,四类应用之间的数据逻辑关系示意图如图 4-4 所示。各类应用之间的所有数据交互均通过基础平台进行:

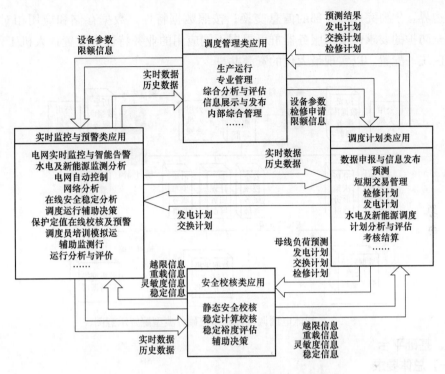

图 4-4　四类应用之间的数据逻辑关系示意图

（1）实时监控与预警类应用向其他三类应用提供电网实时数据、历史数据和断面数据等；同时从调度计划类应用获取发电计划和交换计划数据，从安全校核类应用获取校核断面的越限信息、重载信息、灵敏度信息等校核结果数据，从调度管理应用获取设备原始参数和限额信息等。

（2）调度计划类应用将预测数据、发电计划、交换计划、检修计划等数据提供给实时监控预警类应用、安全校核类应用和调度管理类应用；同时从实时监控与预警类应用获取历史负荷信息、水文信息，从调度管理类应用获取限额信息、检修申请等信息，从实时监控与预警类应用获取电网拓扑潮流等实时运行信息，并通过调用安全校核类应用提供的校核服务，对调度计划进行多角度的安全分析与评估，将通过校核的调度计划送到实时监控与预警类应用，用于电网运行控制。

（3）安全校核类应用将越限信息、重载信息、灵敏度信息、稳定信息等校核结果提供给其他各类应用；同时从调度计划类应用获取母线负荷预测、发电计划、交换计划、检修计划等，从实时监控与预警类应用获取实时数据、历史数据以及实时和研究方式。

（4）调度管理类应用将电力系统设备原始参数、设备限额信息、检修申请等提供给其他各类应用；同时从实时监控与预警类应用获取实时数据和历史数据，从调度计划类应用获取预测结果、发电计划、交换计划、检修计划等。

4. 系统硬件结构

智能电网调度控制系统的硬件典型配置示意图如图 4-5 所示。数据采集与交换处于内外网边界，主要完成内外部的信息交换；按照数据特性，数据存储和应用相对独立，遵循安全防护的要求；应用服务器群可根据不同应用的业务特性来配置；人机工作站按照安全区统一配置，以实现最大化的资源共享。

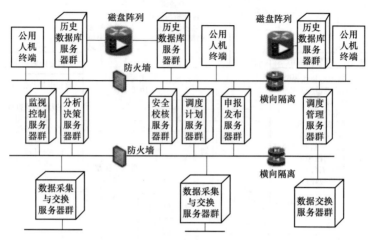

图 4-5　智能电网调度控制系统硬件典型配置示意图

二、基础平台

（一）总体要求

基础平台负责为各类应用的开发、运行和管理提供通用的技术支撑，为整个系统的集成和高效可靠运行提供保障。基础平台应满足以下技术要求：

（1）基础平台为应用提供电网公共模型与运行数据，负责模型和数据的跨安全区、跨调度层级传输与同步。

（2）基础平台为应用提供多样化的数据存储，包括实时数据库、时间序列数据库、历史数据库和时间序列历史数据库，以及关系和日志数据存储。

（3）基础平台为应用提供全面的数据通信手段，包括服务总线、消息总线、简单邮件和业务流程，各应用可通过平台实现横向、纵向的数据传输与共享。

（4）基础平台为应用提供统一人机交互界面，具备嵌入应用定制界面的功能。

（二）基础平台体系架构

基础平台包含硬件、操作系统、数据管理、信息传输与交换、公共服务和平台功能6个层次（如图 4-6 所示），采用面向服务的软件体系架构（如图 4-7 所示）。基础平台体系架构应满足以下技术要求：

（1）应具有良好的开放性，能满足系统集成和应用不断发展的需要。

（2）应采用层次化的功能设计，能对软硬件资源、数据及软件功能进行组织，对应用开发和运行提供环境。

（3）应提供公共应用支持和管理功能，能为应用系统的运行管理提供全面的支持。

（三）消息总线和服务总线

1. 一般要求

基础平台的信息交互采用消息总线和服务总线的双总线设计，提供面向应用的跨计算机信息交互机制。消息总线按照实时监控的特殊要求设计，具有高速实时的特点，主要用于对实时性要求高的应用；服务总线按照企业级服务总线设计，其 SOA 环境对应用开发提供广泛的信息交互支持。

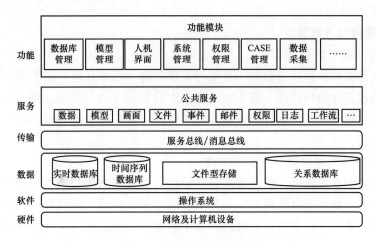

图 4-6　基础平台层次结构

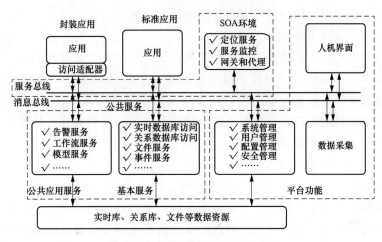

图 4-7　基础平台的软件体系架构

2. 消息总线

消息总线应基于事件驱动，提供进程间（计算机间和内部）的信息传输支持。应具有消息的注册/撤销、发送、接收、订阅、发布等功能，能以接口函数的形式提供给各类应用；应提供传输数据结构的自解释功能，支持基于 UDP 和 TCP 两种实现方式，具有组播、广播和点到点传输形式，支持一对一、一对多、多对一的信息传输；应支持对多态（实时态、反演态、研究态、测试态）的数据传输功能；应能针对电力调度的需求，支持快速传递遥测数据、开关变位、事故信号、控制指令等各类实时数据和事件。

3. 服务总线

服务总线应采用 SOA 开放的体系架构，应能够屏蔽实现数据交换所需的底层通信技术和应用处理的具体方法，从传输上支持应用请求信息和响应结果信息的传输。服务总线应支持请求/响应和发布/订阅两种服务模式，能以接口函数的形式为应用提供服务的注册、发布、订阅、请求、响应、确认等信息交互机制；应提供服务的描述方法、服务代理和服务管理的功能，满足应用功能对服务的查询、监控、定位和在广域范围的服务访问和共享。

(四) 数据存储与管理

1. 数据存储与管理概述

基础平台为应用提供各类数据的存储与管理功能，按照存储介质的不同可分为基于关系数据库的数据存储与管理、基于实时数据库的数据存储与管理、基于时间序列数据库的数据存储与管理和基于文件的数据存储与管理。应用可根据需要，选择合适的数据存储和管理形式。

2. 基于关系数据库的数据存储与管理

基于关系数据库的数据存储与管理包括模型数据管理和历史数据管理两部分，关系数据库数据管理功能应通过数据库中间件服务的形式，提供一组数据库访问接口，使各个应用、公共服务等可以方便透明地访问关系数据库中的数据。关系数据库分成模型关系库和历史关系库两部分，主要用来保存电网设备、参数、静态拓扑连接、系统配置、告警和事件记录、历史统计信息等需要长期保存的数据。

3. 基于实时数据库的数据存储与管理

实时数据库专门用来提供高效的实时数据存取，满足电力系统的监视、控制和电网分析等应用需求。在系统中，对实时性有较高要求的应用都需要构筑在实时数据库之上。基于实时数据库的数据存储与管理应支持实时数据的关系描述、快速存储和访问，应提供高速的本地访问接口、远方服务访问接口和友好的人机界面，具有数据定义、存储、验证、浏览、访问和复制等功能。

4. 基于时间序列数据库的数据存储与管理

时间序列数据库是用于存储带时标的电网运行动态数据和实时稳态数据的数据库，针对带时标数据进行专门设计并具备对大规模数据进行处理的能力，以区别于存储不带时标数据的实时数据库。基于时间序列数据库的数据存储与管理应提供按时标快速读写动态数据、压缩归档和存储空间管理、本地和网络的统一访问接口等功能，可支持对电网运行的动态过程进行监视与分析，对电网实时稳态过程的查询和反演。

5. 基于文件的数据存储和管理

基于文件的数据存储与管理提供以文件形式保存的各类非结构化数据在系统内的存储和管理功能。应具有文件统一管理、冗余备份、文件实时同步、版本管理、目录管理、统一的本地和网络接口等功能。

三、实时监控与预警类应用

(一) 功能定位及构成

实时监控与预警类应用是电网实时调度业务的技术支撑，主要实现电网运行监视全景化，安全分析、调整控制前瞻化和智能化，运行评价动态化。应能够从时间、空间、业务等多个层面和维度，实现电网运行的全方位实时监视、在线故障诊断和智能报警；

实时跟踪、分析电网运行变化并进行闭环优化调整和控制；在线分析和评估电网运行风险，及时发布告警、预警信息并提出紧急控制、预防控制策略；在线分析评价电网运行的安全性、经济性、运行控制水平等。实时监控与预警类应用主要包括电网实时监控与智能告警、电网自动控制、网络分析、在线安全稳定分析、调度运行辅助决策、水电及新能源监测分析、继电保护定值在线校核及预警、调度员培训模拟、辅助监测和运行分析与评价等应用。

（二）电网实时监控与智能告警

1. 电网实时监控与智能告警的功能定位及构成

电网实时监控与智能告警应用应能利用电网运行信息、二次设备状态信息及气象、水情等辅助监测信息对电力系统运行进行全方位监视，包括电网运行的稳态、动态、暂态过程，实现电网运行状况监视全景化，并通过综合性分析，提供在线故障分析和智能告警功能。电网实时监控与智能告警应用主要包括：电网运行稳态监控、电网运行动态监视与分析、二次设备在线监视与分析和综合智能分析与告警等功能。

2. 电网运行稳态监控

电网运行稳态监控功能应能实现对电网实时运行稳态信息的监视和设备控制，主要包括：数据处理、系统监视、数据记录、责任区与信息分流、设备监视、操作与控制、监控告警窗、告警直传与远程浏览等功能。输入输出接口的作用为：

（1）从基础平台获取遥测遥信量测数据、电网模型、稳定限额和安控策略信息。

（2）从电网自动控制应用接收设备的遥控、遥调等控制指令。

（3）通过基础平台向厂站端发送遥控指令。

（4）向调度计划类应用提供稳态量测数据。

（5）向电网自动控制、网络分析、在线安全稳定分析应用提供电网实时稳态量测数据。

（6）向运行分析与评价应用提供一次设备的运行信息。

（7）向综合智能分析与告警功能提供电网实时稳态量测数据的告警信息。

3. 电网运行动态监视与分析

电网运行动态监视功能应能实现对电网实时动态过程的监视，主要功能包括相对相角差的监视和预警，实时相量数据分析处理和存储归档、越限告警等。

在线扰动识别功能应能实现对 PMU 采集的实时动态数据进行特征提取，与表征不同扰动类型的特征进行匹配，以确定电网实际发生的扰动并告警。可识别短路和非全相运行的扰动类型。

低频振荡在线监视功能应能根据发电机有功功率、功角和转速变化率，以及联络线有功功率、母线电压、母线功角差等连续的动态过程数据，分析功角和线路有功功率的振荡模式，确定功角振荡模式和机组的关系，实现对系统低频振荡的监测、预警和分析。

并网机组涉网行为在线监测功能应能根据发电机有功功率、机端频率，以及励磁机励磁电压、励磁电流、发电机定子电流等连续的动态过程数据，分析电网频率扰动期间各机组一次调频动作行为以及励磁系统的强励能力，实现对系统并网机组涉网行为的监测、预警和分析。

4. 二次设备在线监视与分析

二次设备在线监视与分析功能应实现对继电保护装置、安全自动装置等二次设备运行工况、运行信息、动作信息、录波信息、测距信息的分析处理，装置定值在线查询、核对、存储，为用户提供告警、智能分析、统计、查询、回放等功能；可实现二次设备的定值、控制策略的分析和远方修改功能。

5. 综合智能分析与告警

综合智能分析与告警功能应能综合分析电网一次设备和二次设备的运行、故障和告警信息，包括电网断路器动作、设备量测、继电保护和安全自动装置动作、故障录波、故障测距、PMU量测、雷电定位等信息，实现电力系统的在线故障诊断和智能告警，并能够利用形象直观的方式展示故障诊断和智能告警结果；应能够实现系统间设备故障告警信息实时推送；应能够综合各类告警信息生成电网关键节点或重要用户的预警信息。

（三）水电及新能源监测分析

1. 水电及新能源监测分析的功能定位及构成

水电及新能源监测分析功能应能实现与水电及新能源运行有关信息的处理、监视和趋势分析。在水电监测方面应能通过对流域雨水情信息、水库运行实况、来水预测和计划执行、水位流量越限情况进行实时在线监测，对水电站或水电站群当前运行实况和后期运行趋势进行分析，实现电网和水电站的安全、稳定和经济运行。在新能源监测方面应能通过对风电场风能、光伏电站太阳辐照度等信息进行实时监测，同步监视风电场、光伏电站的有功波动情况，在此基础上对风电场、光伏电站运行情况进行趋势分析。水电及新能源监测分析主要功能包括水电运行监测、水务综合计算、水电厂运行趋势分析、新能源运行监测、新能源运行趋势分析五个功能。

2. 水电运行监测

水电运行监测功能应能以流域雨水情、机组运行、闸门启闭等信息为基础，结合来水预测、发电计划等数据，实现流域雨水情和水库运行实况监视及越限分析、预报及计划跟踪、统计对比分析等功能。

3. 水务综合计算

水务综合计算功能应能通过建立水电站水务计算专用数学模型，进行水库水量平衡及水库运行指标计算；应能根据水文统计方法进行数据整编，形成日、旬、月、年水库运行资料。

4. 水电厂运行趋势分析

水电厂运行趋势分析功能应能实现以实时水情、工情、来水预测和发电计划等数据为基础，对水库水位未来运行趋势进行在线滚动预测和异常分析，对入库流量、发电出力等要素进行灵敏性分析。

5. 新能源运行监测

新能源运行监测功能应能以风能实时监测、太阳辐照度监测和新能源发电出力等数据为基础，结合发电计划等综合运行管理数据，对新能源发电及资源变化情况进行监视，对风电场、光伏电站出力剧烈波动等极端情况提供报警。

6. 新能源运行趋势分析

新能源运行趋势分析功能应能展示新能源实时出力及超短期预测结果，计算实时资源分布并对新能源理论发电能力进行趋势分析展示，实现对新能源未来运行趋势进行在线滚动分析。

（四）电网自动控制

1. 电网自动控制的功能定位及构成

电网自动控制应用应能利用电网实时运行信息，结合实时调度计划信息自动调整可调控设备，实现电网的闭环调整。电网自动控制应用包括自动发电控制（AGC）和自动电压控制（AVC）功能。

2. 自动发电控制

自动发电控制功能应能实现通过控制调度区域内发电机组的有功功率使其自动跟踪负荷变化，维持系统频率为额定值，维持电网联络线交换功率在规定的范围内；实现负荷频率控制、备用容量计算与监视、断面功率控制、多目标多区域控制、机组性能考核等功能。

3. 自动电压控制

自动电压控制功能应能实现对电网母线电压、发电机无功、电网无功潮流监视和自动控制；应能利用电网实时数据和状态估计提供的实时方式进行分析计算，对无功可调控设备进行在线闭环控制。

（五）网络分析

1. 网络分析的功能定位及构成

网络分析应用应能实现智能化的安全分析功能。该应用利用电网运行数据和其他应用软件提供的结果数据来分析和评估电网运行情况，确定母线模型，为运行分析软件提供实时运行方式数据，研究分析实时方式和各种预想方式下电网的运行情况；分析在电力系统中的某些元件或元件组合发生故障时，对电力系统安全运行可能产生的影响。网络分析应用主要包括网络拓扑分析、状态估计、调度员潮流、灵敏度分析、静态安全分析等。

2. 网络拓扑分析

网络拓扑分析功能应能根据逻辑设备状态，对网络进行拓扑分析，确定网络接线模型，建立网络母线模型和电气岛模型并提供给其他应用和功能使用。

3. 状态估计

状态估计功能应能根据网络接线的信息、网络参数和一组有冗余的模拟量测值和开关量状态，求取母线电压幅值和相角的估计值，检测可疑数据，辨识不良数据，校核实时量测量的准确性，并计算全部支路潮流，为电力系统的可观测部分和不可观测部分提供一致的、可靠的电网潮流解。应能维护一个完整而可靠的实时网络状态数据，为其他应用和功能提供实时运行方式数据。可利用稳态运行数据和动态运行数据进行混合状态估计计算。

四、调度计划类应用

（一）功能定位及构成

调度计划类应用是调度计划编制业务的技术支撑，主要完成多目标、多约束、多时段调度计划的自动编制、优化和分析评估。提供多种智能决策工具和灵活调整手段，适应不同调度模式要求，实现从年度、月度、日前到日内、实时调度计划的有机衔接和持续动态优化；多目标、多约束、多时段调度计划自动编制和国、网、省三级调度计划的统一协调；可视化分析、评估和展示等。实现电网运行安全性与经济性的协调统一。调度计划类应用主要包括数据申报与信息发布、预测、检修计划、短期交易管理、水电及新能源调度、发电计划、考核结算和计划分析与评估八个应用。

（二）预测

1. 预测的功能定位及构成

预测应用应支持对历史数据和各种相关因素的定量分析，提供多种预测方法，实现对未来一定周期内的预测对象走势的精确预测。预测应用主要包括水库来水预测、短期系统负荷预测、短期母线负荷预测、超短期系统负荷预测、超短期母线负荷预测和新能源发电能力预测 6 个功能。

2. 水库来水预测

水库来水预测功能应支持对前期和实时水文气象要素的分析比对，提供多种数值预报方法，实现对水库来水的未来趋势和过程进行预报，可分为洪水预报、日径流预报和中长期来水预报。

3. 短期系统负荷预测

短期系统负荷预测功能应支持对历史负荷和各种相关因素的定量分析，提供多种分析预测方法，实现对次日至未来多日每时段系统负荷的预测。

4. 短期母线负荷预测

短期母线负荷预测功能应支持对历史母线负荷以及各种相关因素的定量分析，提供多种分析预测方法，实现对次日至未来多日每时段母线负荷的预测。

5. 超短期系统负荷预测

超短期系统负荷预测功能应支持对历史系统负荷变化规律的分析，提供多种分析预测方法，实现对未来 5min～1h 每时段系统负荷的精确预测。

6. 超短期母线负荷预测

超短期母线负荷预测功能应支持对历史母线负荷变化规律的分析，提供多种分析预测方法，充分考虑运行方式变化影响，实现对未来 5min～1h 每时段母线负荷的精确预测。

7. 新能源发电能力预测

新能源发电能力预测功能应支持风电、光伏发电等新能源场站功率预测上报及全网新能源功率预测，提供多种预测方法，实现对短期和超短期未来各时段新能源可用发电能力的精确预测。

（三）检修计划

1. 检修计划的功能定位及构成

检修计划应用应支持检修计划的统一管理，综合考虑电力电量平衡和电网安全约束，实现对年度、月度、周、日前等不同周期检修计划的动态滚动调整和优化安排；针对设备临时检修，实现日前检修计划的及时调整。检修计划应用包括年度、月度检修计划、周检修计划、日前检修计划和临时检修四个功能。

2. 年度、月度检修计划

年度、月度检修计划功能应支持年度、月度检修计划的统一管理，综合考虑电力电量平衡和电网约束，实现年度、月度检修计划的优化安排。

3. 周检修计划

周检修计划功能应支持周检修计划的统一管理，综合考虑电力电量平衡和电网安全约束，实现周检修的滚动调整和优化安排。

4. 日前检修计划

日前检修计划功能应支持日前检修计划的统一管理，综合考虑电力电量平衡和电网安全约束，实现日前检修计划的优化安排；针对设备临时检修，实现日前检修计划的及时调整。

5. 临时检修

临时检修功能应能为日前检修计划功能提供设备临时检修信息，实现日前检修计划的及时调整。

（四）发电计划

1. 发电计划的功能定位及构成

发电计划应用应满足三公调度、节能发电调度或电力市场等多种模式，实现从日前到日内、实时的发电计划编制和滚动修正，实现国、网、省三级发电计划的协调优化。发电计划应用采用安全约束机组组合（SCUC）、安全约束经济调度（SCED）核心计算模块，综合考虑电力电量平衡约束、电网安全约束和机组运行约束，实现发电计划（包括机组组合计划和出力计划）的集中优化编制。发电计划应用主要包括日前发电计划、日内发电计划和实时发电计划三个功能。

2. 日前发电计划

日前发电计划功能应能采用 SCUC/SCED 核心模块，实现次日至未来多日各时段的发电计划集中优化编制，支持周期自动计算和人工启动计算。日前发电计划功能主要包括优化目标管理、约束条件管理、数据校验与预处理、初始计划编制、安全约束发电计划编制（SCUC/SCED）等子功能。

优化目标管理功能应能实现多种调度模式下优化目标的配置和选择；约束条件管理功能应能实现对电力电量平衡、备用约束、机组安全约束和电网安全约束的统一管理；数据校验与预处理功能实现对各类数据的单一校验和综合校验；初始计划编制应能实现不考虑电网安全约束的发电计划编制；安全约束发电计划编制（SCUC/SCED）功能应能实现考虑多约束的发电计划集中优化。日前发电计划应实现同级调度机构不同业务处室之间和上下级调度机构之间日前电能计划标准操作程序（SOP）的标准化和规范化。各级调度的流程流转结束后，流程实例文件应传送到调度管理类应用。

3. 日内发电计划

日内发电计划功能应能采用 SCUC/SCED 核心模块，实现日内未来 1h 至未来多小时各时段的发电计划集中优化编制，支持周期自动计算、事件触发计算和人工启动计算。日内发电计划的功能组成以及数据逻辑关系与日前发电计划相同，日内发电计划的输入输出接口与日前发电计划相同。

4. 实时发电计划

实时发电计划功能应能采用 SCED 核心模块，实现未来 5min～1h 的发电计划集中优化编制，既支持周期自动计算，也支持按照预定的条件，自动触发计算。实时发电计划功能主要包括优化目标管理、约束条件管理、数据校验与预处理、初始计划编制、安全约束发电计划编制（SCED）等子功能，各子功能实现的功能与日前发电计划功能基本相同。

五、安全校核类应用

（一）功能定位及构成

安全校核类应用是调度计划和电网运行操作（操作任务、操作票）安全校核的技术支撑，主要完成多时段调度计划和电网运行操作的安全校核、稳定裕度评估，并提出调整建议。运用静态安全、暂态稳定、动态稳定、电压稳定分析等多种安全稳定分析手段，适应不同要求，实现对检修计划、发电计划、电网运行操作等进行灵活、全面的安全校核，提出涉及静态安全和稳定问题的调整建议及电网重要断面的稳定裕度。安全校核类应用主要包括静态安全校核、稳定计算校核、辅助决策和稳定裕度评估四个应用。在进行安全校核之前，需要生成校核断面，形成校核断面潮流。安全校核类应用组成及数据逻辑关系如图 4-8 所示。

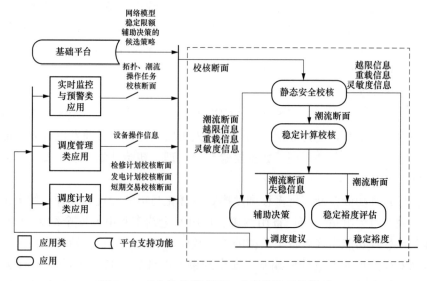

图 4-8　安全校核类应用组成及数据逻辑关系

（二）静态安全校核

1. 静态安全校核功能定位及构成

静态安全校核应用对检修计划、发电计划、短期交易计划和电网运行操作（操作任务、操作票）等调度计划和操作，分析其基态潮流情况，实现待校核断面的灵敏度计算、静态安全校核和短路电流分析。静态安全校核应用的主要功能包括潮流分析、灵敏度分析、静态安全分析、短路电流分析和联合安全校核等功能。

2. 潮流分析

潮流分析功能应能对计划数据和相似日拓扑潮流信息进行基态潮流分析计算，形成校核断面，实现参与安全校核计算的各时段负荷预测、联络线计划和发电计划平衡，同时将基态潮流计算结果与稳定限额进行比对，得出基态越限和重载信息。

3. 灵敏度分析

灵敏度分析功能应能对校核断面进行基态潮流越限支路或断面的灵敏度分析，并计算越限支路或断面对机组出力的灵敏度信息，协助调度计划调整。

4. 静态安全分析

静态安全分析功能应能对校核断面的电网全部主设备（包括线路、主变压器、母线、机组）进行 N-1 开断扫描，计算在发生预想事故后系统的重载或越限情况。

5. 短路电流分析

短路电流分析功能应能对校核断面进行短路电流计算，分析电网发生母线接地故障下，断路器电流是否超过额定遮断容量，并给出越限情况下超出遮断容量的越限断路器和对应的故障清单。

（三）稳定计算校核

1. 稳定计算校核的功能定位及构成

稳定计算校核应用在静态安全校核应用基础上，应用并行计算平台，对校核断面进行静态、动态、暂态的全面快速稳定分析，得出该断面的安全稳定分析结论。稳定计算校核应用主要包括静态稳定分析、暂态稳定分析、动态稳定分析和电压稳定分析四个功能。

2. 静态稳定分析

静态稳定分析功能应能对静态校核安全的部分或全部时段的校核断面，进行静态稳定功率极限计算，分析其受到小扰动后，不发生非周期振荡，自动恢复到起始运行状态的能力，判断电网静稳储备是否满足稳定性要求。

3. 暂态稳定分析

暂态稳定分析功能应能对校核断面采用基于数值积分的时域仿真方法，分析其受到大干扰后，各同步发电机保持同步运行并过渡到新的或恢复到原来稳态运行方式的能力，得出系统的暂态稳定结论。

4. 动态稳定分析

动态稳定分析功能应能对校核断面采用计算电网主导振荡模式和基于数值积分的时域仿真方法，分析其受到干扰后，在自动调节和控制装置的作用下，保持长过程的运行稳定的能力，得出系统的动态稳定结论。

5. 电压稳定分析

电压稳定分析功能应能对校核断面采用静态电压和时域仿真程序方法，分析电力系统受到小的或大的扰动后，系统电压能够保持或恢复到允许的范围内，不发生电压崩溃的能力，得出系统的暂态、动态电压稳定结论。

（四）辅助决策

1. 辅助决策的功能定位及构成

辅助决策应用基于静态安全校核应用和稳定计算校核应用，在满足静态安全、静态稳定、暂态稳定、动态稳定、电压稳定等安全稳定约束的条件下，计算调度计划和调度操作的校正措施，以消除或缓解各类越限、失稳等情况，为电网调度计划和调度操作提供辅助决策支持。辅助决策应用主要包括静态安全辅助决策、静态稳定辅助决策、暂态稳定辅助决策、动态稳定辅助决策、电压稳定辅助决策五个功能。

2. 静态安全辅助决策

静态安全辅助决策功能应能对于静态校核不安全的校核断面，进行灵敏度分析，计算出越限和重载支路对可调机组和负荷的灵敏度信息，进而得出发电机和负荷的调整方案，以抑制或消除系统越限和重载现象，提高系统的静态安全性。

3. 静态稳定辅助决策

静态稳定辅助决策功能应能对于静态失稳的校核断面，进行灵敏度分析，计算出静稳储备不足的支路或输电断面对可调机组和负荷的灵敏度信息，进而得出发电机和负荷的调整方案，以改善系统静稳储备，提高系统的静态稳定性。

4. 暂态稳定辅助决策

暂态稳定辅助决策功能应能对于暂态失稳的校核断面，计算发电机和负荷等系统的可调量对系统暂态稳定性指标之间的灵敏度信息，进而得出发电机和负荷的调整方案，以改善系统暂态功角稳定性指标，提高系统的暂态稳定性。

5. 动态稳定辅助决策

动态稳定辅助决策功能应能对于动态失稳的校核断面，计算系统主导特征根或动态阻尼对可调发电机的灵敏度信息，进而得出发电机出力调整方案，以改善系统阻尼，提高系统的动态稳定性。

六、调度管理类应用

（一）功能定位及构成

调度管理类应用是实现电网调度规范化、流程化和一体化管理的技术保障。主要实现电网调度基础信息的统一维护和管理；主要生产业务的规范化、流程化管理；调度专业和并网电厂的综合管理；电网安全、运行、计划、二次设备等信息的综合分析评估和多视角展示与发布；调度机构内部综合管理等。实现与公司信息系统的信息交换和共享。调度管理类应用主要包括调度运行、专业管理、机构内部工作管理、综合分析与评价、信息展示与发布五个应用。调度管理类应用组成及数据逻辑关系如图4-9所示。

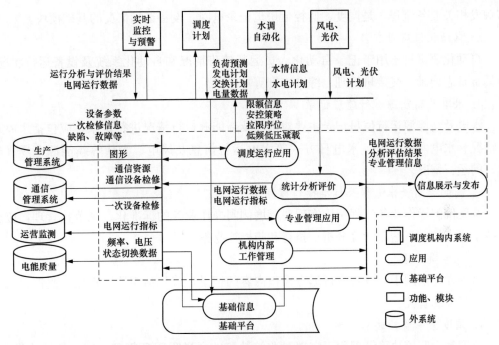

图 4-9　调度管理类应用组成及数据逻辑关系图

（二）调度运行

1. 调度运行的功能定位及构成

调度运行应用直接面向调度运行相关工作，是规范调度生产运行管理工作的技术支撑。

调度运行应用主要包括：运行值班日志、支撑实时运行管理、支撑调控运行计划管理、支撑二次设备运行管理四类功能。其中：

（1）运行值班日志包括调控运行值班日志管理、自动化值班日志、水电及新能源值班记录。

（2）支撑实时运行管理包括调度倒闸操作流程及标准操作程序、监控操作票、调度集中监控缺陷管理、断面稳定限额管理、拉限电序位及拉限电可控负荷统计。

（3）支撑调控运行计划管理包括新设备启动调度管理流程及标准操作程序、停电计划管理、日前电能平衡计划管理流程及标准操作程序。

（4）支撑二次设备运行管理包括继电保护定值整定流程及标准操作程序、继电保护家族性缺陷管理、继电保护动作分析评价管理、自动化系统及设备缺陷管理、自动化系统及设备检修管理。

2. 调控运行值班日志管理

调控运行值班日志用于调度值班员对管辖范围内的各类电网运行情况、异常事件（缺陷、事故）以及调度员采取的措施、相关调度业务联系等值班信息进行记录；用于监控员对监控电网范围内的各类设备运行及缺陷情况、异常信号情况、设备远方操作情况、在线监测告警信息处置情况以及监控运行相关业务进行记录。为电网运行分析、值班管理、调度报表等其他有关电网运行管理的模块提供信息来源，同时通过日志记录能够触发相关业务流程，是调度、监控值班员记录电网、设备运行情况的基础模块。

3. 自动化值班日志

自动化值班日志用于记录自动化人员运行值班情况和自动化系统及设备运行状况，应具备日志记录、交接班管理、综合查询等功能。

4. 水电及新能源运行值班记录

水电及新能源运行值班记录主要对水电及新能源运行情况进行记录，应包括水库运行情况、水电发电情况、水电日方式等水电运行信息及风电、光伏等新能源电场（电站）的运行情况。

5. 调度倒闸操作流程及标准操作程序

调度倒闸操作业务流程用于实现对调度倒闸操作业务的标准化、规范化管理，应包括拟票、审核、下达、计算分析、执行和归档等业务。

6. 监控操作票

监控操作票用于对设备进行远方操作内容的记录，应包括拟票、审核、监护、操作等安全环节的管控。

7. 调度集中监控缺陷管理

调度集中监控缺陷管理用于实现对监控缺陷的全过程闭环管理，应包括缺陷发现、缺陷处理、消缺确认等环节。

8. 断面限额管理

断面限额管理用于实现稳定限额信息的电子化维护和管理，应包括正常方式、检修方式及临时稳定限额调整的管理。

9. 拉限电序位及拉限电可控负荷统计

拉限电序位及拉限电可控负荷统计用于对拉限电序位表和拉限电操作信息的维护和管理，可利用拉限电操作结果信息，统计拉限电可控负荷。

10. 新设备启动调度管理流程及标准操作程序

新设备启动调度管理流程及标准操作程序用于规范接入国家电网公司经营电网的新设备启动调度管理流程，规范流程各节点工作内容及操作程序，实现对新设备调度启动业务的标准化、规范化管理。

（三）专业管理

1. 专业管理的功能定位及构成

专业管理应用包含安全内控监督及调控运行、设备监控、调度计划、水电新能源、系统运行、继电保护、自动化、技术管理及综合计划各专业管理功能。

2. 安全内控监督

安全内控监督应包括调控中心电网安全管理、调度安全保障能力评估管理、安全内控机制建设管理、备调管理四方面子功能。

3. 调控运行管理

该功能应包括调控中心调控运行专业调控运行问题反馈管理、反事故演习管理。

4. 调度计划管理

该功能应包括调控中心调度计划专业电网经济运行分析管理、并网调度协议签订管理、并网电厂考核管理。

5. 水电及新能源管理

该功能应包括水电及新能源并网管理、频率与联络线管理、电压及无功管理、调控运行管理等。

6. 系统运行管理

该功能应包括调控中心系统运行专业 OMS 基础数据管理、年度运行方式、电网联合计算、电网 2～3 年滚动分析校核业务管理。

7. 继电保护管理

该功能主要实现调控中心继电保护处继电保护反措、继电保护信息业务管理。

8. 调度自动化管理

该功能应包括调控中心调度自动化专业自动化系统运行维护记录、控制系统使用问题反馈处置管理业务管理。

第三节　厂　站　部　分

一、变电站自动化系统概述

变电站自动化自 20 世纪 90 年代以来一直是我国电力行业中的热点之一。其所以成为热点，一是建设的需要，二是市场的因素。目前全国每年都有千百座新建电站投入电网运行。同时根据电网的要求，每年又有不少变电站进行技术改造，以提高自动化水平。近十年来我国变电站自动化技术，无论是从国外引进的，还是国内自行开发研制的系统和设备，在技术和数量上都有显著的发展。传统变电站结构示意图如图 4-10 所示。

当前"变电站自动化"是将变电站中的微机保护、微机监控等装置通过计算机网络和现代通信技术集成为一体化的自动

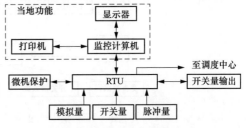

图 4-10　传统变电站结构示意图

化系统。它取消了传统的控制屏台、表计等常规设备，因而节省了控制电缆，缩小了控制室面积。传统的 35kV 以上电压等级的变电站的二次回路部分是由继电保护、当地监控、远动装置、故障录波和测距、直流系统与绝缘监视及通信等各类装置组成的，以往它们各自采用独立的装置来完成自身的功能且均自成系统，由此不可避免地产生各类装置之间功能相互覆盖，部件重复配置，耗用大量的连接线和电缆。80 年代由于微机技术的发展，远动终端、当地监控、故障录波等装置相继更新换代，实现了微机化。这些微机化的设备虽然功能各异，但其数据采集、输入输出回路等硬件结构大体相似，因而统一考虑变电站二次回路各种功能的集成化自动化系统，自然受到人们的青睐。但当时的变电站自动化系统实际上是在远程测控终端（RTU）基础上加上一台微机为中心的当地

监控系统，不但未涉及继电保护，就连原有的传统的控制屏台仍予保留。以 RTU 为基础的变电站自动化系统结构示意图如图 4-11 所示，可称作国内变电站自动化技术的第一阶段。

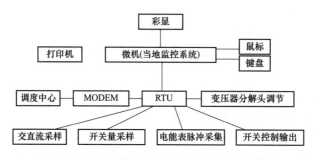

图 4-11　以 RTU 为基础的变电站自动化系统

90 年代数字保护技术（即微机保护）的广泛应用，使变电站自动化取得实质性的进展。90 年代初研制出的变电站自动化系统是在变电站控制室内设置计算机系统作为变电站自动化的心脏，另设置一数据采集和控制部件用以采集数据和发出控制命令。微机保护柜除保护部件外，每柜有一管理单元，其串行口和变电站自动化系统的数据采集和控制部件相连接，传送保护装置的各种信息和参数，整定和显示保护定值，投/停保护装置，此类集中式变电站自动化系统可以认为是国内变电站自动化系统的第二阶段。集中式变电站自动化系统的典型结构示意图如图 4-12 所示。

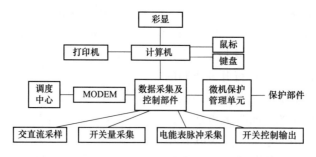

图 4-12　集中式变电站自动化系统典结构示意图

90 年代中期，随着计算机技术、网络技术及通信技术的飞速发展，同时结合变电站的实际情况，各类分散式变电站自动化系统纷纷研制成功和投入运行。分散式系统的特点是各现场输入输出单元部件分别安装在中低压开关柜或高压一次设备附近，现场单元部件可以是保护和监控功能的二合一装置，用以处理各开关单元的继电保护和监控功能，亦可以是现场的微机保护和监控部件分别保持其独立性。在变电站控制室内设置计算机系统，对各现场单元部件进行通信联系。通信方式可以采用常用的串行口如 RS-232C，RS-422/485。但近年推出的分散式变电站自动化系统更多地采用了网络技术，如 LonWorks（Local Operation Network）或 AN（ControlArea Network）等现场总线型网，至于变电站自动化的功能，则将遥测遥信采集及处理，遥控命令执行和继电保护功能等均由现场单元部件独立完成,并将这些信息通过网络送至后台主计算机。而变电站自动化的综合功能均由后台主计算机系统承担。此类分散式变电站自动化系统可视为第三阶段。

上述各类变电站自动化系统的推出,由于技术的发展,虽有时间先后,但并不存在前后替代的情况,各类系统可根据变电站的实际情况,予以选配。如以 RTU 为基础的变电站自动化系统可用于已建变电站的自动化改造,而分散式变电站自动化系统更适用于新建高压变电站。

二、变电站自动化系统功能

变电站自动化系统是调度自动化系统的一个重要组成部分,已广泛使用计算机技术对电力系统进行监视和控制,并成为实现电网调度自动化的可靠手段。实现电网调度自动化,首先要采集实时数据,对电网进行监视和控制,其主要功能是完成遥信、遥测、遥控、遥调任务。

1. 遥信

遥信信息系指采集到的电力系统继电保护的动作信息,断路器、隔离开关的状态信息,告警信号等状态量信息。为满足电网、设备安全运行以及生产管理的要求,集控中心需要及时掌握无人值班变电站站内设备运行状况和事故情况,要求无人值班变电站信号应具有全方位、实时监控特性。

2. 遥测

遥测信息系指采集到的电力系统运行的实时参数,如发电机出力,母线电压,系统中的潮流,有功负荷和无功负荷,线路电流,电度量等测量信息。

3. 遥控

遥控信息系指从集控中心发出的对断路器、隔离开关、接地开关执行分合闸操作、信号复归及功能投、退等控制量信息。

4. 遥调

遥调信息系指从集控中心发出对电力系统无功与电压进行调整等的控制量信息。

三、变电站自动化系统结构

变电站自动化系统的基本结构可分为集中式和分层分布式。其中分层分布式系统已成为变电站自动化技术发展的主流。

1. 集中式自动化监控系统的结构与特点

以变电站为对象,面向功能设计的自动化监控系统,称之为集中式自动化监控系统即各系统功能都以整个变电站为一个对象相对集中设计,而不是以变电站内部的电气元件或间隔为对象独立配置的方式。集中式结构并非指由一台计算机完成保护、监控等全部功能。多数集中式结构的微机保护、计算机监控和远动通信的功能由不同的计算机来完成,例如,数据采集、数据处理、远动、断路器操作和人机联系功能可分别由不同计算机完成。该结构形式主要出现在变电站计算机监控系统问世初期。

主要优点:功能单元间相互独立,互不影响;具有较为完善的人机接口功能,综合性能强;结构紧凑,体积小,可大大减少占地面积;造价低,尤其对 110kV 或规模较小的变电站更为合适。

主要缺点：运行可靠性较差，每台计算机的功能较集中，如果一台计算机出故障，影响面较大，因此必须采用双机并联运行的结构才能提高可靠性；软件复杂，修改工作量大，系统调试麻烦；组态不灵活，对不同主接线或不同规模的变电站，软硬件都必须另行设计，可移植性差，不利于批量推广。

2. 分布式自动化监控系统的结构与特点

分层分布式计算机监控系统是以变电站内的电气元件和间隔（变压器、电抗器、电容器等）为对象开发、生产、应用的计算机监控系统。

分层分布式变电站控制系统可分为三层结构，即站控层、间隔层和过程层，每层由不同的设备或子系统组成，完成相应的功能。通常，变电站计算机监控系统由站控层和间隔层两个基本部分组成。其中，站控层包括主机、操作员工作站、远动工作站、工程师工作站、GPS 对时装置及站控层网络设备等设备，形成全站监控、管理中心，能提供站内运行人机界面，实现间隔层设备的管理控制等功能，并可通过远动工作站和数据网与调度通信中心通信。

主要特点有：结构分层分布；面向对象设计；功能独立；多 CPU，可靠性高；继电保护相对独立。

四、技术要求

（1）电流量、电压量测量误差不大于 0.2%。

（2）有功功率、无功功率测量误差不大于 0.5%。

（3）电网频率测量误差不大于 0.01Hz。

（4）模拟量越死区传送整定值小于 0.1%额定值，并逐点可调。

（5）事件顺序记录分辨率（SOE）。站控层不大于 2ms，间隔层测控单元不大于 1ms。

（6）模拟量越死区传送时间（至站控层）不大于 2s。

（7）状态量变位传送时间（至站控层）不大于 1s。

（8）模拟信息响应时间（从 I/O 输入端至远动通信装置出口）不大于 3s。

（9）状态量变化响应时间（从 I/O 输入端至远动通信装置出口）不大于 2s。

（10）控制执行命令从生成到输出的时间不大于 1s。

（11）双机系统可用率不小于 99.9%。

（12）控制操作正确率为 100%。

（13）站控层平均无故障间隔时间（MTBF）不小于 20000h。

（14）间隔级测控单元平均无故障间隔时间不小于 30000h。

（15）各工作站的 CPU 平均负荷率。正常时（任意 30min 内）不大于 30%，电力系统故障（10s 内）不大于 50%。

（16）网络平均负荷率。正常时（任意 30min 内）不大于 20%，电力系统故障（10s 内）不大于 40%。

（17）模数转换分辨率不小于 16b。

（18）双机自动切换至功能恢复时间不大于 30s。

（19）实时数据库容量。模拟量不小于 5000 点，状态量不小于 10000 点，遥控不小于 3000 点，计算量不小于 2000 点。

（20）历史数据库存储容量。历史曲线采样间隔 1～30（可调）min，历史趋势曲线，日报、月报、年报存储时间不小于 2 年，历史趋势曲线数量不小于 300 条。

五、故障处理

近几年，变电站综合自动化系统飞速的发展，已经广泛应用于各级变电站，对变电站中常见问题的解决也尤为重要。

（一）常见故障及原因

为了更加直观地对故障进行分类整理，按照故障发生的部位分为间隔层（包括二次回路、测控设备等）、站控层（包括工程师站、前置机、危机"五防"系统、服务器等）、远动系统（包括远动通道、工作站等）及网络层（包括交换机、集线器等）故障四类，同时在每一个故障发生的部位又按照故障的性质将故障分为 3 类，即参数设置错误、软件故障、硬件故障，形成一个表格化的故障情况分析方法。

1. 间隔层故障

间隔层主要指继电保护与测控、录波等。在间隔层出现的故障主要由两个方面组成，最主要的是二次的回路故障，即对一次设备操作后，辅助接点没有到达准确的位置或者是绝缘不达标，引发遥信状态与实际不对应的现象。而测控装置软件方面出现的问题较少，但是故障都比较严重，比如同期定值丢失，如果检查不全面极容易造成事故。还有测控装置的硬件问题，通信中断常因插件、内部模块故障而被引发，如果测控装置死机，导致不能正常进行遥控操作，只要下电重启设备就可恢复。

2. 站控层故障

站控层主要指的是厂站级的监控，如监控主站、工程师站、信息子站等。如果发生故障，可能是由以下三种原因导致，由于自动化系统信息量很大，新建或是改动后的工程验收传送不到位，导致后台系统参数报文名称定义不清，主分画面显示与实际不一致。硬件故障主要表现为设备频繁死机，主要是因为设备运行时间长而导致老化、硬盘主板损坏，并且致使后台设备损坏严重；前置机软件故障主要表现在应用程序无响应和无原因的死机，只要重新启动就可恢复。

3. 远动系统故障

远动系统是连接厂站端与主站端的"高速公路"，因此，远动信息通过远动通道进行传送，根据传输的内容不同，远动通道可分为网络通道和模拟通道两种。所谓的网络通道即数字通道，是以以太网的传输规约，通过调度数据网进行通信的传输。远动系统的故障包括 2 个方面：

（1）远动工作站自身问题。如前置机、后台机、五防机故障，大部分的工作站都使用工控机等设备，所以由硬件系统故障造成的信息传输失败的案例也屡见不鲜。

（2）参数设置的问题。远动信息转发表的配置设置错误及远方调度系统数据库设置不一致，都会导致信息传输错误。

（二）防范措施

1. 加强对硬件设备的应用管理

从故障情况分析来看，日常画面监控工作交由不存在网络带宽问题的监控中心人员监控，一旦出现问题，监控中心可自动向各变电站发出警告。应当在技术规范的相关文件中明确规定对设备等的要求，严格筛选设备商家的产品质量，确保选用性能优良、满足电网变电站工作环境的工业计算机或设备。计算机等电子设备的寿命受电子元件及运行环境等的影响，周期一般为 4～5 年，所以应当定期更换，保持设备处于正常工作状态。

2. 注重调试、验收工作过程

变电站综合自动化的调试与验收是一项复杂的工作，仅仅一个主变压器的间隔就有上千条信息，并且涉及的专业也多，变电站整体的工作量可想而知，任何一个信息被疏漏就会有很大的故障隐患。因此，快速、全面地优化报文是信息管理的有效手段，这一工作的系统推进有效规范整理信息；还可编制一个准确详细的大纲，仔细核对每一个信息参数，强调调试、验收的工作过程。

3. 加强对故障数据的收集与管理工作

按照信息化项目上线管理制度的要求，应用系统必须在相关部门备案，并做好上线前的网络宽带环境分析，以便使维护人员更快介入，缩短故障排查时间。从历年的数据资料中分析整理故障发生的原因及规律，进行有针对性的整改，可以有效阻止同类故障的发生。

目前，我国变电站综合自动化系统正在飞速发展，只有细致分析故障产生的现象，归纳总结应对问题的预防措施和整改方法，才能大幅降低故障发生率，促进自动化系统技术更好地服务于电网。

（三）处理案例

1. 遥信数据异常处理

（1）遥信数据不刷新。

异常现象：设备状态有变化或保护有动作行为，但后台监控遥信不刷新。

异常分析：

1）装置本身异常。

2）网络通信异常。

3）功能投、退不正确。

4）参数设置不正确。

5）二次回路异常。

异常处理：

1）如果一个测控装置的所有遥信都不刷新，可查看后台与此装置通信是否正常，如通信中断，解决通信中断问题，如通信正常，可查看此装置是否有遥信电源。

2）如果只是单个或部分遥信不刷新，可查看后台有没有人工置数，如设置人工置数，那么遥信不会实时刷新，解除人工置数即可，如未人工置数，可检查采集遥信的相关装置的遥信节点状态是否正确，相应节点可通过遥信信息表，相关设备回路图纸查到，节点状态可看装置采集的状态，也可以通过万用表量节点确定；同时也可查看遥信参数表内对应遥信"使能"功能设置是否正确。

3）装置检修压板的投入状态时，该装置的遥信信号被封锁。

（2）遥信极性错误。

异常现象：遥信状态与设备实际状态相反。

异常分析：

1）采集接点选用错误。

2）系统内部人工取反。

异常处理：

1）遥信采集一般使用动合接点，但个别情况需要，也会使用动断接点，通过信息描述判断应选择接点类型，再通过万用表测量实际接点通断情况判断使用的接点类型，进一步确认使用的接点类型是否正确，若选用不正确，更换正确的接点类型即可。

2）若接点类型选用正确，可检查后台监控系统数据库遥信参数表中取反功能设置情况，若设置取反功能，可将取反功能取消。

3）若现场无合适的遥信接点类型，可通过修改遥信名称或遥信取反功能进行调整。

（3）遥信错位。

异常现象：多个连续的遥信点出现上移或下移的错位现象。

异常分析：

1）测控装置遥信端子排接线错误。

2）后台监控系统数据库遥信参数表配置错误。

异常处理：

1）在错位的测控装置端子排处逐一测试遥信开入与监控系统遥信报警信息对应情况，判定错位点，查看图纸确认是设计错误还是接线错误，若是设计错误，需与设计联系，图纸修改正确后进行二次回路的调整；若属于接线错误，直接按照正确接线改正后并传动无问题后即可。

2）若接线无问题，可检查监控系统数据库遥信参数表遥信位置定义是否错误，若定义错误，改正后保存即可，若为双机服务器，还需进行数据同步发布。

（4）遥信名称错误。

异常现象：信息描述与遥信名称不对应。

异常分析：

1）维护人员信息输入错误。

2）维护人员对设备信息理解性错误。

异常处理：

1）确认遥信状态与实际是否一致。

2）在监控系统数据库遥信参数表对遥信名称进行修改，保存，若为双机服务器，还需进行数据同步发布。

2. 遥测数据异常处理

（1）遥测数据不刷新。

异常现象：部分遥测数据长期无变化，不刷新。

异常分析：

1）网络通信问题。

2）相关装置损坏。

3）人工置数问题。

4）遥测使能参数设置问题。

5）一次运行方式改变问题。

异常处理：

1）检查不刷新数据采集设备通信状态是否良好，若通信中断，检查判断是采集装置本身问题还是网络通信问题，然后进行相关处理即可。

2）若通信正常，分别检查遥测人工置数设置及使能设置情况，若进行了人工置数，取消人工置数即可，若使能设置为未使能，改为使能状态即可。然后再检查遥测门槛值设置是否合理，若不合理，调整门槛值数值即可。

3）询问相关单位负载情况变化，判定是否为正常情况。

（2）遥测数据错误。

异常现象：后台遥测显示值与实际值存在较大偏差。

异常分析：

1）遥测采集设备交采模块损坏或老化。

2）遥测精度问题。

3）遥测系数配置错误。

4）规约码值范围设置错误。

5）监控画面联点错误。

6）一次设备异常。

7）二次回路异常。

异常处理：

1）用钳型表及万用表测量二次电流值及电压值，与采集设备遥测数据进行比对，若数值一致且折算至后台数据也正确，可怀疑一次设备或二次回路异常，首先对二次回路进行检查，判定其是否存在异常，若无异常，可申请停用一次设备进行相关试验检查。

2）若用表计测量的二次值与采集装置采集的数据不一致，且采集装置采集的数据经折算后与监控后台数据一致，可判断采集装置存在问题，对采集装置进行检测；分别进行封 TA 及断开 TV 交采回路的工作，查看采集装置"0"漂值情况，若"0"漂值异常，重新校对采集装置"0"漂值即可，若"0"漂值无问题，可通入标准源校核装置采样，判定采样板是否正常，若不正常，可更换交（直）流采样板进行处理。

3）若用表计测量的二次值与采集装置采集的数据一致，但与监控后台数据不一致，首先检查监控画面遥测联点是否正确，若不正确，修改相关联点即可；若联点正确，可在监控系统数据库遥测参数表中检查遥测系数是否正确，若不正确修改相关系数即可。

4）若变电站绝大部分遥测均出现错误的情况，可检查规约码值设置范围是否错误，若设置错误，修改规约码值范围即可。

3. 遥控、遥调数据异常处理

（1）"五防"检测无法通过。

异常现象：点选操作设备后，报"五防检测失败"告警信息。

异常分析：

1）未进行"五防"模拟。

2）监控点选操作设备与"五防"模拟操作设备提示不一致。

3）"五防"系统与监控系统通信中断。

4）"五防"系统设备状态与监控系统状态不一致。

5）"五防"系统或监控系统相关设备遥信参数配置错误。

异常处理：

1）检查是否进行了"五防"模拟操作，若未进行"五防"模拟操作，进行模拟操作，完成后点"发送"键。

2）若进行了"五防"模拟操作，查看"五防"系统提示操作设备信息与监控操作点选设备是否一致；若不一致，检查是模拟错误还是点选错误。

3）若一致，检查"五防"系统与监控系统通信是否正常，若通信中断，处理通信中断问题。

4）若通信正常，检查"五防"系统设备状态与监控系统设备状态是否一致，若不一致，检查"五防"系统和监控系统相关遥信配置表设置情况，若存在错误，修改后并通过"五防"系统"对位"功能检测修改的正确性。

（2）遥控预置不成功。

异常现象：操作人员选择某个设备进行遥控操作时，监控系统报"遥控预置不成功"告警信息。

异常分析：

1）网络通信问题。

2）装置有逻辑闭锁，且不满足操作条件。

异常处理：

1）检查被控设备测控装置与监控系统通信状态是否正常，有无通信中断或网络延时的情况。

2）若网络通信正常，检查远方当地操作手把位置、远控投入压板等逻辑闭锁条件是否正常，若不正常，将异常情况处理后再进行遥控预置。

3）个别极端情况，还可能存在遥控联点错误、监控系统送至"五防"系统遥信点同时错误，且实际被控设备存在逻辑闭锁的情况，此种情况较少，但必要时还需检查监控画面遥控联点的正确性，若不正确，需重新进行联点并传动。

（3）遥控执行不成功。

异常现象：在监控系统画面上点击遥控执行命令后，监控画面提示"遥控执行不成功"告警信息。

异常分析：

1）网络通信异常。

2）遥控未能正常出口。

3）二次回路异常。

4）一次设备异常未能正常变位。

5）遥信变位未能及时上送至监控系统。

6）遥控设备关联遥信点错误。

异常处理：

1）查看网络工况判断是否发生通信中断情况，若未发生通信中断，检查测控装置是否接到遥控指令，若未能接到遥控指令，可再次下发遥控指令，若依旧不成功，可检测网络状态是否存在延时情况，然后进行相关处理。

2）若网络状态正常且测控装置接收到遥控执行指令，但一次设备未变位，可分别检查遥控相关压板投、退状态是否正确，通过量接点导通方式测试遥控出口板件是否能正常出口，若不能正常出口，更换遥控出口板件。

3）若能正常遥控出口且压板投、退正确，可检查相关遥控二次回路完整性，包括控制电源是否正常、控制二次回路及遥信二次回路有无异常，若发现异常，进行相关处理，重新遥控即可。

4）若以上检查无问题后，一次设备未动作，可怀疑一次设备存在问题，安排一次检修即可。

5）若遥控下发后，一次设备状态改变，但变位未上送或上送较慢，监控系统报"遥控执行不成功"告警信息。若变位信息未上送，可检查相关遥信采集回路是否正常，若存在异常，处理后再进行遥控即可。若遥信信息上送较慢，测试通信状态，排除通信异常即可。

6）若遥控下发后，一次设备状态改变，且变位信息在告警窗内已经正常上送，但监控画面提示"遥控执行不成功"告警信息，可检查遥控联点关联的遥信点是否正确，若不正确，重新关联即可。

六、运行调试

现如今，国家的不断发展，人们生活水平的不断提高，对供电的要求越来越高，强调供电的质量与安全，一旦发生短暂性的停电或电压变弱引起的波动等问题，会影响社会的正常运行，对于电力企业来说也是一项重大的挑战和损失。为满足现代社会的发展需求，各个供电企业都纷纷优化与重新配置自身的配电体系，强调自动化技术的有效应用。在变电站运行的过程中，应强调对自动化技术的应用，实现变电站的自动化调试，借助自动化监控平台审查各个部分设备的运行状态，旨在提升配电系统的安全性。

变电站自动化调试工作的开展，其目的较多，但都是达到保护电网系统安全的目标。其一，旨在检查对调度信息、信息传输、自动化终端装置等方面的信息参数是否正确、严谨；其二，旨在检查与核实整个电力系统的运行是否较为安全，是电力系统运行的最终目标；其三，对系统中各项设备的规格、参数等是否具有统一性，且系统各部分的功能是否符合国家标准与相关规定，各类设备的连接是否科学、合理等。通过调查与分析，发现各项检查结构未能符合要求，此时，相关人员必须给予高度重视，对整个电网系统进行全面而彻底的排查，及时了解变电站自动化调试中所存在的故障问题，并及时采取措施予以应对和处理，能让电力系统快速回归到正规上来，进而增强整个电力系统的稳定性与安全性。由此可知，若想增强整个电力系统运行的安全性，变电站自动化调试是不可避免的，一旦发现故障，通过合理的调试与操作来解决，进而实现电力系统的稳定性与安全性。

（一）电力系统变电自动化调试概述

1. 变电站自动化调试的作用

进行变电站自动化调试可以检查自动化终端装置，对信息处理系统和传输系统的准确进行检查；能够对各个设备型号、功能和正常连接状况进行分析。如果设备在运行中，不能达到这些标准，就必须及时对出现的故障进行分析并排除，保证系统调试工作的顺利进展。

2. 变电站自动化调试的主要内容

对自动化监控设备、系统设备安装调试和二次电缆及通信设备调试，是变电站自动化调试的主要内容。可以将调试内容划分为本体调试和调度调试两部分，本体调试主要对监控通信、遥控数据和电量采集通信等进行调试。调度联调主要进行信息调试、调度遥控系统功能等。

3. 电力系统变电自动化调试中的常见故障

在厂家比较多，中间环节较多，调试内容较复杂等各方面因素的作用下，变电站调试经常会遇到以下几种问题：①进行本体调试的时候，如果出现遥测和遥信等故障，就会很难确定故障发生点，需要耗费大量的时间和精力；②由于变电站和调度具有密切的联系，进行变电数据收集、上报和调度的时候，也需要相互配合完成，如果双方不能配合完成，就会将大量时间耗费在检查上；③很多智能设备有自己生产通信规约，给变电站通信调试造成了很大影响；④电压无功自动控制系统的调试结果，对变电站的稳定运行具有很大作用，如果不能保证电压无功综合控制系统结果的准确率，容易产生重复升降挡和异常区域不运转等问题，威胁变电站的安全运行，影响电力系统辅助调试结果。

（二）变电站系统变电自动化调试策略。

可以将变电站系统变电调试划分为本体调试和调度联合调试。本体调试主要进行电源故障调试、通信故障调试、遥测故障调试、遥信故障调试、电压无功综合自动调试、远程点能量数据终端调试。调度联合调试包含通信故障调试、遥信故障调试、遥测故障调试和调度遥控故障调试。

（1）远程数据调试策略。远程数据调试是计量计费的自动化系统，可以进行数据采集、处理、转发和存储，是位于主站和费率之间的设备。

（2）电压无功综合自动化控制系统策略。系统运行和系统一次接线可以被后台的 AVC 自动识别，然后根据系统运行模式和实际状况将无功电压控制在一定范围内。除此之外，它还具有封锁功能，可以保证系统运行安全，同时用户也可以配置信号并控制电容器投切顺序。

（3）故障排查顺序法。可以将此种排查方法分为分段排查和顺序排查。分段排查主要从总控或者中间环节确定故障位置。顺序排查按照表示按照检查规定顺序，依次进行排查。如果电量采集装置中的开关室电度表接线发生通信故障，就可以利用分段排查方法进行排查。

（三）调试策略的具体应用

完成变电站中自动装置和智能装置安装、参数设置、终端装置通信规约、建立数据程序和自动化系统等各项设置后，可以在自动变电站系统中进行联调和无人值班工作。

1. 本体调试

（1）当进行调档控制时，若主变压器发生急停动作同时发生调档，可以利用本体中调试比较小的策略进行故障排除，减少二次回路中产生故障的可能。发现装置只收到自动化系统调档命令的时候，不用急停，将控制重点放在装置测控上，然后对参数设置进行检查，缩短判断设置时间。

（2）当监控系统发出信号却不能被系统及时接受时，在本体故障调试策略的作用下，可以快速发现总控没有受到遥信报文，进而判断测控装置出现问题，利用换置测控装置 CPU 主板的方式排除故障。

2. 调度联调过程

（1）当调度位置发生变化时，可以使用调度联调调试策略，通过对报文的及时检测，在最短的时间内，发现远动总控故障问题出在调度端，然后保证变电端完成报文上传后，再对调度端进行检查。

（2）如果 SOE 信息出现错误，但是调度发生事故的总信号 COS 没有发生故障，此时可以采取调度联调并上传遥信的方式，实施故障调度端检查。

（3）如果远动系统中的信号通信不能正常运行，就会产生自动化系统不能稳定运行故障。可以使用调度联调上传通信故障的方式操作，此种方式的应用，可以及时发现调度两台前置机出现的控制权问题。

（四）电力系统自动化新技术应用

1. 进行变电设备在线检测

进行变电设备检测的时候，必须对电气设备的实际运行状态进行全面、实时掌握，同时预测出电气设备在高空中的状态，保证电力设备发生的故障可以及时被检测出，保证变电设备运行的稳定。

2. 网络分析仪

网络分析仪可以在宽频范围中对测量或则网络参量进行综合测定，是一种测量网络参数的新型仪器，能够直接测量不可逆双口和单口的网络符合参数，同时能够利用扫频等方式对个参数的幅度和相位频率等进行测定，可以换算出各种网络参数，如电压驻波比、阻抗等。

（五）电力系统变电调试意义

电力系统变电调试对变电站的安全运行产生了很大影响，利用变电站自动化调试策略，可以及时排除变电站出现的故障和问题，同时还可以将新技术应用到变电站中，对变电站自动调试工作的进展产生了很大影响，保证了电力系统的稳定运行。

第四节　网络防护部分

一、电力调度数据网

1. 网络结构

电力调度数据网（SGDnet）是为电力调度生产服务的专用数据网络，是调度中心之间及调度中心与厂站之间传输和交换数据的专用通道。电力调度数据网是按照国家电网调〔2009〕146号《国家电网调度数据网第二平面网络（SGDnet-2）总体技术方案》设计，于2009年开始建设，2012年正式投入运行。网络采用扁平化设计，分为2层，即骨干层和接入层。

骨干层采用双环形拓扑，每个环网为一个平面，两个平面相互独立，互为备用，骨干节点之间采用622M POS链路互联。

接入层由各县调和厂站组成，采用星形拓扑接入。县调节点采用155M POS接入骨干网，厂站节点采用N×2M链路接入骨干节点或县调汇聚点。

2. 设备选型

网络硬件设备主要包括了华为公司的NE40、NE20、AR4640和H3C公司的MSR8808、MSR8805、MSR6608、MSR5040、MSR3040、MSR3640。网管软件采用H3C iMC智能网络管理平台。

3. 业务承载

电力调度数据网采用IP Over SDH技术路线，利用MPLS VPN承载应用业务，全网划为实时VPN，非实时VPN两个VPN。其中实时VPN承载控制区业务，其他VPN承载非控制区业务。主要接入的业务有SCADA、自动电压控制（AVC），电能量计量（TMR），保护信息管理，并网发电厂管理等。

4. 网络规模

骨干网一平面网络规模5个节点，二平面4个节点，部署骨干路由器9台；接入网已建地级以上接入网9个，县级接入网44个，部署县级路由器44台，厂站路由器446台。调度数据网双平面建设改造工作已完成，为完成全网结构调整的目标奠定坚实基础。

二、电力监控系统安全防护

为了保障电网调度主站及厂站的电力监控系统的安全，防范黑客及恶意代码等对电力监控系统的攻击及侵害，特别是抵御集团式攻击，防止电力监控系统的崩溃或瘫痪，以及由此造成的电力设备事故或电力安全事故（事件），依据《电力监控系统安全防护规定》《信息安全等级保护管理办法》及国家有关规定，对电力监控系统进行网络安全防护。

1. 总体原则

电网电力监控系统安全防护的总体原则为"安全分区、网络专用、横向隔离、纵向认证"，对用于监视和控制电力生产及供应过程的计算机及网络设备及其业务系统，以及作为基础支撑的通信及数据网络等进行安全防护。重点强化边界防护，同时加强内部的物理、网络、主机、应用和数据安全，加强安全管理制度、机构、人员、系统建设、系统运维的管理，提高了系统整体安全防护能力，有效保证电力监控系统及重要数据的安全，建立和完善以安全防护总体原则为中心的安全监测、响应处理、安全措施、审计评估等环节组成的闭环机制。

2. 安全分区

安全分区是电力监控系统安全防护体系的结构基础，电网电力监控系统原则上划分为生产控制大区和管理信息大区。生产控制大区可以分为控制区（又称安全区Ⅰ）和非控制区（又称安全区Ⅱ），管理信息大区分为生产管理区（又称安全区Ⅲ）和办公管理区（又称安全区Ⅳ），不同安全区的严禁纵向交叉连接。安全分区原则如下。

根据业务系统或其功能模块的实时性、使用者、主要功能、设备使用场所、各业务系统间的相互关系、广域网通信方式以及对电力系统的影响程度等，按以下规则将业务系统或其功能模块置于相应的安全区：①实时控制系统、有实时控制功能的业务模块以及未来有实时控制功能的业务系统应当置于控制区；②尽可能将业务系统完整置于一个安全区内，当业务系统的某些功能模块与此业务系统不属于同一个安全分区内时，可以将其功能模块分置于相应的安全区中，经过安全区之间的安全隔离设施进行通信；③不允许把应当属于高安全等级区域的业务系统或其功能模块迁移到低安全等级区域，但允许把属于低安全等级区域的业务系统或其功能模块放置于高安全等级区域；④对不存在外部网络联系的孤立业务系统，其安全分区无特殊要求，但需遵守所在安全区的防护要求；⑤对小型县调、配调、小型电厂和变电站的电力监控系统可以根据具体情况不设非控制区，重点防护控制区；⑥对于新一代电网调度控制系统，其实时监控与预警功能模块应当置于控制区，调度计划和安全校核功能模块应当置于非控制区，调度管理功能模块应当置于管理信息大区。

（1）控制区（安全区Ⅰ）。电力监控系统控制区的业务系统包括智能电网调度控制系统的实时监控和预计功能（包括电网稳态监控、自动电压控制、自动发电控制、状态估计等）、配网自动化系统（DAS）、变电站自动化系统、发电厂自动监控系统等，使用人员为电力调度员、监控员和运行和检修人员，数据传输实时性为毫秒级或秒级，数据通信使用电力调度数据网的实时子网。该区内还包括有继电保护远方控制（定值修改及定值区切换）、安全自动控制系统、低频（或低压）自动减负荷系统等，这类系统对数据传输的实时性要求为毫秒级或秒级。

控制区中的业务系统或其功能模块（或子系统）的典型特征为：直接实现对电力一次系统的实时监视和控制，纵向使用电力调度数据网络或专用通道，是安全防护的重点与核心。

（2）非控制区（安全区Ⅱ）。电力监控系统非控制区的业务系统主要包括调度员培训模拟系统（DTS）、保护信息管理系统、故障录波信息管理系统、电能量计量系统（TMR）、调度计划和安全校核、发电厂烟气污染物监测系统和新能源负荷预测系统等，使用人员分别为电力调度员、继电保护人员及电网方式计划人员等。在厂站端还包括电能量远方终端、保护信息子站、故障录波装置及电力调度生产报表系统等。非控制区的数据采集频度是分钟级或小时级，其数据通信使用电力调度数据网的非实时子网。发电厂烟气污染物监测系统需要通过互联网与地方环保部门通信，和新能源负荷预测系统的需要通过互联网获取数值天气预报信息，上述系统的均设立了安全接入区，在安全接入区于安全安全区Ⅱ间部署正方向物理隔离装置，确保系统网络安全。配电网自动化系统的前置采集模块与无线配网终端间的通信也是通过安全接入区实现。

非控制区中的业务系统或其功能模块的典型特征为：在线运行但不具备控制功能，使用电力调度数据网络，与控制区中的业务系统或其功能模块联系紧密。

（3）管理信息大区的安全区划分。电力监控系统管理信息大区分为生产管理区（又称安全区Ⅲ）和办公管理区（又称安全区Ⅳ）。生产管理区的业务服务电网生产管理，主要包括调度操作票、保护定值流转、电网实时 Web 信息等。管理信息大区主要服务日常办公，主要包括办公自动化、财务、人资等业务。

3. 网络专用

电力调度数据网是为生产控制大区服务的专用数据网络，承载电力实时控制、在线生产管理和交易等业务。安全区所使用的网络的安全防护隔离强度与所连接的安全区之间的安全防护隔离强度一致。

电力调度数据网承载在专用通信通道上，使用独立的网络设备组网，采用 SDH 通道组网，在物理层面上实现了与其他数据网及外部公共信息网的安全隔离。

电力调度数据网划分为逻辑隔离的实时子网和非实时子网，分别连接控制区和非控制区。采用 MPLS-VPN 技术构建子网。

电力调度数据网应目前采用以下安全防护措施：

（1）网络路由防护。按照电力调度管理体系及数据网络技术规范，电力调度数据网采用虚拟专网技术，将电力调度数据网分割为逻辑上相对独立的实时子网和非实时子网，分别对应控制业务和非控制生产业务，保证实时业务的封闭性和高等级的网络服务质量。

（2）网络边界防护。采用严格的接入控制措施，保证业务系统接入的可信性。经过授权的节点允许接入电力调度数据网，进行广域网通信。

电力调度数据网络与业务系统边界采用、IP-MAC 绑定、业务端口限定和白名单等访问控制措施，对通信方式与通信业务类型进行控制；在生产控制大区与电力调度数据网的纵向交接处安装了电力专用纵向加密设备，实现了安全隔离、数据加密、访问认证等防护措施。对于生产管理区的业务，在网络与业务边界处安装了硬件防火墙，配置了白名单，绑定了 IP 和 MAC，有效保障了业务访问安全。

（3）网络设备的安全配置。电力调度数据网路由器和交换机设备均进行了安全加固配置，主要措施包括：关闭或限定网络服务、避免使用默认路由、关闭网络边界 OSPF 路由功能、采用安全增强的 SNMPv2 及以上版本的网管协议、设置受信任的网络地址范围、记录设备日志、设置高强度的密码、开启访问控制列表、封闭空闲的网络端口等。

（4）数据网络安全的分层分区设置。电力调度数据网采用安全分层分区设置的原则。调度数据网由骨干网和接入网组成。地级以上调度中心节点构成调度数据网骨干网（简称骨干网）。各级调度的业务节点及直调厂站节点构成分层接入网，各厂站按照调度关系接入两层接入网。

调度数据网未覆盖到的电力监控系统（如配电网自动化）的数据通信优先采用电力专用光纤网络，不具备条件的部分终端采用公用通信网络，使用上述公共通信网络的设备通过安全接入区接入，并采用安全隔离、访问控制、单向认证、加密等安全措施。

各层面的数据网络之间通过路由限制措施进行安全隔离。采用公用通信网时的设备或业务系统禁止与调度数据网互联，保证网络故障和安全事件限制在局部区域之内。

公司内部管理信息大区纵向互联采用电力企业专用的综合数据网，为电力企业内联网。部署于外网（互联网）的业务系统与公司内部管理信息大区网络物理隔离。

4. 横向隔离

横向隔离是电力二次安全防护体系的横向防线。采用不同强度的安全设备隔离各安全区，电力监控系统在生产控制大区与管理信息大区之间设置了经国家指定部门检测认证的电力专用横向单向安全隔离装置，隔离强度应达到物理隔离。电力专用横向单向安全隔离装置作为生产控制大区与管理信息大区之间的必备边界防护措施，是横向防护的关键设备。生产控制大区内部的安全区Ⅰ和安全区Ⅱ之间设置了硬件防火墙、防火墙业务板卡等设备，实现逻辑隔离，设备访问控制采用白名单方式。安全接入区与生产控制大区相连时，采用电力专用横向单比特正反向安全隔离装置进行集中互联。

按照数据通信方向，电力专用横向单向安全隔离装置分为正向型和反向型。正向安全隔离装置用于生产控制大区到管理信息大区的非网络方式的单向数据传输。反向安全隔离装置用于从管理信息大区到生产控制大区的非网络方式的单向数据传输，是管理信息大区到生产控制大区的唯一数据传输途径。反向安全隔离装置集中接收管理信息大区发向生产控制大区的数据，进行签名验证、内容过滤、有效性检查等处理后，转发给生产控制大区内部的接收程序。专用横向单向隔离装置满足实时性、可靠性和传输流量等方面的要求。

电力监控系统部署的横向隔离装置在功能上有效禁止了 E-Mail、WEB、Telnet、Rlogin、FTP 等安全风险高的通用网络服务和以 B/S 或 C/S 方式的数据库访问穿越专用横向单向安全隔离装置，仅允许纯数据的单向安全传输。

5. 纵向认证

纵向加密认证是电力监控系统安全防护体系的纵向防线。采用认证、加密、访问控制等技术措施实现数据的远方安全传输以及纵向边界的安全防护。电力监控系统在调度中心、发电厂、变电站在生产控制大区与电力调度数据网的纵向连接处应配置了经过国家指定部门检测认证的电力专用纵向加密认证装置，实现双向身份认证、数据加密和访问控制。安全接入区和厂站端设备的纵向通信应当采用基于非对称密钥技术的单向认证等安全措施，重要业务可以采用双向认证。

纵向加密认证设备部署于电力监控系统生产控制大区的调度数据网边界，其中安全区Ⅰ中的通信网关设备部署了纵向加密卡；安全区Ⅱ在调度数据网路由器和交换机中间部署了纵向加密装置，新投电量系统和网络安全管理平台部署了纵向加密卡。纵向加密认证设备为调度数据网承载的各业务通信提供身份认证和数据加密功能，实现数据传输的机密性、完整性保护，同时通过访问控制策略实现安全过滤功能。纵向加密认证设备还实现了对电力调度数据网数据通信应用层协议及报文的处理功能。

调度中心和河北电力调度控制中心、各县公司调控中心直接均部署了纵向加密设备，全部厂站在调度数据网路由器和交换机直接都部署了纵向加密装置，实现了与调度主站通信的数据传输的机密性、完整性保护。

纵向加密功能重点保护的业务主要包括：具有远方遥控功能业务，遥控报文必须采用加密、身份认证等安全措施进行防护，受控端必须能够对遥控报文发送端进行身份鉴别，例如 AGC、AVC、继电保护定值远方修改等。

6. 电力调度数字证书系统

电力调度数字证书系统是基于公钥技术的分布式的数字证书系统，主要用于生产控制大区，为电力监控系统及电力调度数据网上的关键应用、关键用户和关键设备提供数字证书服务，实现高强度的身份认证、安全的数据传输以及可靠的行为审计。

电力调度数字证书分为人员证书、程序证书、设备证书、系统证书四类。人员证书指用户在访问系统、进行操作时对其身份进行认证所需要持有的证书，主要用于调度员、监控员访问智能电网调度控制系统；程序证书指关键应用的模块、进程、服务器程序运行时需要持有的证书，主要用于 AVC、AGC 等具备自动控制功能的业务模块的身份认证；设备证书指网络设备、安全设备、服务器主机等，在接入本地网络系统与其他实体通信过程中需要持有的证书，目前主要应用于调度主站及厂站间纵向加密设备身份认证；系统证书指电力调度数字证书自身持有的证书。

电力调度数字证书系统按照以下要求建设：

（1）统一规划数字证书的信任体系，地调电力调度数字证书系统用于颁发本调度中心及县级调度对象相关人员和设备证书。

（2）采用统一的数字证书格式，支持满足国家有关要求的加密算法，并根据国家最新要求升级加密算法，目前最新算法为系统已支持 SM2。

（3）提供规范的应用接口，支持相关应用系统和安全专用设备嵌入电力调度数字证书服务。

（4）电力调度数字证书系统离线部署，相关证书的生成、发放、管理以及密钥的生成、管理均未联网，确保证书安全可靠。

电力调度数字证书系统按照电力调度管理体系进行配置，河北省电力调度证书系统向电力调度数字证书系统发放信任证书，电力调度数字证书系统根据业务需要向地调和县调相关人员签发证书，证书持有人并对证书的安全性负责。

电力监控系统各相关业务均支持电力调度数字证书，电力调度数字证书技术提高系统安全强度。

7. 信息安全等级保护要求

按照国家和电力行业相关文件和标准要求，电力监控系统根据不同安全区域的安全防护要求，确定了系统的安全等级和防护水平。并按照《电力行业信息系统安全等级保护定级工作指导意见》进行定级，电力监控系统等级保护等级标准见表 4-1。

表 4-1　　　　　　　　　　　电力监控系统等级保护等级标准

类别	定级对象	系统级别	
		省级以上	地级及以下
电力监控系统	能量管理系统（具有 SCADA、AGC、AVC 等控制功能）	4	3
	变电站自动化系统 （含开关站、换流站、集控站）	220kV 及以上变电站为 3 级，以下为 2 级	
	火电机组控制系统 DCS（含辅机控制系统）	单机容量 300MW 及以上为 3 级，以下为 2 级	
	水电厂监控系统	总装机 1000MW 及以上为 3 级，以下为 2 级	
	光电场运行监控系统 DCS（含辅机控制系统）	2	
	核电站分散控制系统 DCS（含辅机控制系统）	3	
	风电场分散控制系统 DCS（含辅机控制系统）	2	
	水电厂梯级调度监控系统	3	
	风电场监控系统	2	
	电能量计量系统	3	2
	广域相量测量系统（WAMS）	3	无
	电网动态预警系统	3	无
	调度交易计划系统	3	无
	水调自动化系统	2	
	调度管理系统	2	
	雷电监测系统	2	
	电力调度数据网络	3	2
	通信设备网管系统	3	2
	通信资源管理系统	3	2
	综合数据通信网络	2	
	故障录波信息管理系统	3	
	配电自动化系统	3	
	负荷控制管理系统	3	
	新一代电网调度控制系统的实时监控与预警功能模块	4	3
	新一代电网调度控制系统的调度计划功能模块	3	2
	新一代电网调度控制系统的安全校核功能模块	3	2
	新一代电网调度控制系统的调度管理功能模块	2	

电力监控系统目前包括 2 个等级保护三级，分别是智能调度控制系统和配电自动系统。智能调度控制系统所辖的变电站作为子站系统不再单独备案，其中 220kV 变电站按照等保三级要求开展安全防护和测评，110kV 和 35kV 变电站按照等保二级要求开展安全防护和测评，县调自动化系统仅具备智能调度控制系统的工作站，不再单独备案。各直调电厂、风电场和光伏站等发电单位均单独备案。

8. 生产控制大区内部安全防护

电力监控系统生产控制大区主要采取了以下安全防护措施：

（1）禁止生产控制大区内部的 E-Mail 服务，禁止控制区内通用的 WEB 服务。

（2）非控制区内部业务系统采用 B/S 结构，但仅在各业务系统内部使用，调度生产报表系统纵向采用安全 WEB 服务，采用专用协议和专用浏览器的图形浏览技术，并经过安全加固，通过 HTTPS 的安全协议通信。

（3）生产控制大区重要业务（如 SCADA/AGC/AVC、实时电力市场交易等）的远程通信应当采用加密认证机制。

（4）生产控制大区内的业务系统间应该采取了 VLAN 和访问控制等安全措施，通过访问白名单方式限制系统间的通信。

（5）生产控制大区的禁止使用拨号访问服务，服务器和用户端均应当使用经国家指定部门认证的安全加固的操作系统，并采取加密、认证和访问控制等安全防护措施。

（6）生产控制大区边界上部署了入侵检测措施，对网络攻击、网络风暴等安全事件进行实时监视和控制；生产控制大区部署了网络安全管理平台，实现了网络、主机行为的安全审计措施，实现了安全审计与安全区网络管理系统、综合告警系统、IDS 管理系统、敏感业务服务器登录认证和授权、关键业务应用访问权限相结合。

（7）生产控制大区内主站端和重要的厂站端统一部署恶意代码防护系统，采取防范恶意代码措施，病毒库、木马库以及 IDS 规则库的更新均离线进行。

9. 管理信息大区安全要求

管理信息大区有公司互联网部统一管理网络安全，部署防火墙、IDS、恶意代码防护系统及桌面终端控制系统等通用安全防护设施。

10. 通用安全防护措施

（1）物理安全。电力监控系统机房位于公司大楼，机房采取防水、防潮、防火、防静电、防雷击、防盗窃、防破坏措施，配置了电子门禁系统以加强物理访问控制，安排专人 24h 值守，并对关键区域实施电磁屏蔽。

（2）备用与容灾。电力监控系统定期对关键业务的数据与系统进行备份，建立历史归档数据的异地存放制度。关键主机设备、网络设备、安全设备和电源等设备均冗余配置。控制区的业务均采用热备用方式。在定州车寄建立了备用调度中心，实现了实时数据、监控系统业务、实时调度业务三个层面的备用，形成分布式备用调度体系。

（3）逻辑隔离。电力监控系统控制区与非控制区之间部署了防火墙板卡，实现两个区域的逻辑隔离、报文过滤、访问控制等功能，其访问控制规则最小化配置，各策略正确有效。生产控制大区选用了安全可靠硬件防火墙，其功能、性能、电磁兼容性均经过国家相关部门的认证和测试。

（4）入侵检测。电力监控系统生产控制大区统一部署一套网络入侵检测系统，并纳入了 24h 运行值班监视，根据业务需求最小化设置检测规则，能够及时捕获网络异常行为、分析潜在威胁、进行安全审计。

（5）主机加固。电力监控系统生产控制大区主机操作系统均采用了国产安全操作系统，并进行安全加固。主要的安全加固措施包括：系统安全配置、及时更新安全补丁、根据业务需求对操作系统访问控制能力进限定、消除了应用程序的安全漏洞。操作系统安全加固工作主要有原厂商实施，相关补丁、安全软件经过了测试。

（6）安全 Web 服务。电力监控系统非控制区的接入交换机均支持 HTTPS 的纵向安全 WEB 服务，采用电力调度数字证书对浏览器客户端访问进行身份认证及加密传输，目前主要的业务为电力生产报表管理系统。

（7）计算机系统访问控制。智能电网调度控制系统、厂站端生产控制系统、电能量计量系统、保护信息管理系统和故障录波管理系统等业务系统，均支持电力调度数字证书，并对用户登录本地操作系统、访问系统资源等操作进行了身份认证，根据身份与权限进行访问控制，并且对操作行为进行安全审计。

（8）远程拨号访问。电力监控系统严禁远程拨号行为。

（9）安全审计。电力监控系统生产控制大区部署了安全审计功能，依托网络安全管理平台，实现了对网络运行日志、操作系统运行日志、数据库重要操作日志、业务应用系统运行日志、安全设施运行日志等进行集中收集、自动分析，及时发现各种违规行为以及病毒和黑客的攻击行为。

（10）网络安全管理。电力监控系统生产控制大区部署了网络安全管理平台，实时监测电力监控系统的计算机、网络及安全设备运行状态，及时发现非法外联、外部入侵等安全事件并告警，目前接入网络安全管理平台的设备包括智能电网调度控制系统的全部服务器、工作站、交换机、加密卡、纵向加密装置、网络安全监测装置、横向隔离装置等设备，还包括厂站侧的纵向加密装置和网络安全监测装置。

11. 安全管理

（1）安全分级负责制。国家能源局及其派出机构负责电力监控系统安全防护的监管，组织制订电力监控系统安全防护技术规范并监督实施。电力监控系统按照"谁主管谁负责，谁运营谁负责"的原则，建立电力监控系统安全管理制度，将电力监控系统安全防护及其信息报送纳入日常安全生产管理体系，负责所辖范围内计算机及数据网络的安全管理，并设置电力生产监控系统和调度数据网络的安全防护小组。

（2）相关人员的安全职责。供电公司建立了电力监控系统安全防护管理部门，由主管安全生产的领导作为电力监控系统安全防护的主要责任人，并在安监、运检、调度、营销和信通等部门指定专人负责管理所辖电力监控系统的相关设备和系统的安全，明确了各业务系统专责人的安全管理责任。

电力调度控制中心指定网络信息安全专责负责管理本级调度数字证书系统。

（3）工程实施的安全管理。电力监控系统相关设备及系统均通过国网公司集采集召，相关设备均通过了专业评测机构的检测，进主要设备和核心软件安全可靠，开发单位、供应商均以合同条款和协议的方式保证所提供的设备及系统符合《电力监控系统安全防护规定》《信息系统安全等级保护基本要求》和本方案的要求，并在设备及系统的生命期内负责。

电力监控系统专用安全产品的开发单位、使用单位及供应商，均签订了保密协议，承诺按国家有关要求做好保密工作，禁止安全防护关键技术和设备的扩散。

电力监控系统及关键设备实行全生命周期的安全管理，系统上线前当由具有资质测评机构开展系统漏洞分析及控制功能源代码安全检测。

电力监控系统安全防护实施方案严格遵守《电力监控系统安全防护规定》，并经过本企业省级专业主管部门、信息安全主管部门以及省级电力调度机构的审核，方案实施完成后均通过了上述机构验收。

（4）设备和应用系统的接入管理。电力监控系统接入电力调度数据网络的节点、设备和应用系统，其接入技术方案和安全防护措施均通过电力调度控制中心严格审查并同意。

电力监控系统生产控制大区的各业务系统禁止以各种方式与互联网连接；严禁开通拨号功能；并关闭和拆除主机上不必要的软盘驱动、光盘驱动、USB 接口、串行口等，严格控制在生产控制大区和管理信息大区之间交叉使用移动存储介质以及便携式计算机。接入电力监控系统生产控制大区中的安全产品，均通过了获得国家指定机构的安全检测，用于厂站的设备具备电力系统电磁兼容检测证明。

（5）设备选型及漏洞整改。电力监控系统在设备选型及配置时，严禁选用经国家相关管理部门检测认定并经国家能源局通报存在漏洞和风险的系统及设备（如 PLC、工业交换机等关键设备）；对于已经投入运行的系统及设备，按照国家能源局及其派出机构的要求及时进行改造，同时加强了相关系统及设备的运行管理和安全防护措施。

（6）日常安全管理。供电公司建立电力监控系统安全管理制度，主要包括门禁管理、人员管理、权限管理、访问控制管理、安全防护系统的维护管理、常规设备及各系统的维护管理、恶意代码的防护管理、审计管理、数据及系统的备份管理、用户口令密钥及数字证书的管理、培训管理等管理制度。

依托网络安全管理平台，对关键安全设备、服务器的日志进行统一管理，能够及时发现安全管理体系中存在的安全隐患和异常访问行为。

供电公司高度重视内部人员的保密教育、录用离岗等的管理。包括对录用人员身份背景、专业资格和资质进行严格审查，关键岗位录用人员、接触内部敏感信息第三方人员均签署了保密协议；加强关键岗位人员离岗管理，取回各种身份证件、钥匙、徽章等以及提供的软硬件设备，离岗人员必须承诺调离后保密义务后方可离开。

（7）联合防护和应急处理。电力监控系统建立较为完善的电力监控系统安全的联合防护和应急机制。国家能源局及其派出机构负责对电力监控系统安全防护的监管，电力调度控制负责统一指挥调度范围内的电力监控系统安全应急处理。供电公司和各发电单位的电力监控系统均制订了应急处理预案并经过预演或模拟验证。

电力生产控制大区出现安全事件时，尤其是遭到黑客、恶意代码攻击和其他人为破坏时，各级电力监控系统网络安全责任单位均立即执行应急预案，立即向上级电力调度机构以及当地国家能源局派出机构报告，同时按应急处理预案采取安全应急措施。电力调度控制中心负责立即组织采取紧急联合防护措施，防止事件扩大，并保护现场，组织调查取证和分析。事件发生责任单位及调控中心及时将事件处置情况向相关能源监管部门和信息安全主管部门报告。

12. 信息安全等级保护和安全防护评估

电力监控系统安全防护评估贯穿于电力监控系统的规划、设计、实施、运维和废弃阶段。

供电公司建立了较为完善的信息安全等级保护测评和安全防护评估制度，电力监控系统在上线投运之前、升级改造之后必须进行等级保护测评和安全评估；已投入运行的系统应该每年开展一次等级保护测评和安全评估，测评和评估方案及结果应当及时向公安机关汇报、备案。相关费用已纳入年度资金安排。

参与评估的机构及人员均在公安机关和能源局备案并获得认可，通过了相关考试，均被测评师资格。测评单位签署长期保密协议，对生产控制大区安全评估的所有记录、数据、结果等均不得以任何形式携带出，按国家有关要求做好保密工作。

电力监控系统等级保护测评和安全防护评估严格控制实施风险，确保评估工作不影响电力监控系统的安全稳定运行。评估前制订相应的应急预案，实施过程符合电力监控系统的相关管理规定。

第五节　电量采集部分

一、系统架构

1. 总体架构

电量采集部分总体架构示意图如图 4-13 所示。

电量采集系统整体上由一体化电量应用平台、一体化电量采集平台、网络通信设备、厂站端计量终端设备和统一数据发布平台组成。

（1）一体化电量采集平台实现了省调及地区 35kV 以上的发电厂和变电站电能量数据的采集，其中省调采集子站实现省调 220kV 变电站及直调电厂的电量数据的采集；地区采集子站负责实现各自所辖 110kV 及 35kV 变电站、区域电厂电量数据的采集。

（2）一体化电量应用平台实现对系统的原始数据到熟数据的处理、数据的校验、数据的统计、数据的计算等数据管理功能，采集管理实现了手动电量数据的采集、实现终端和电表时钟的召测及对时；业务应用是在系统数据管理功能的基础上，实现对线损分析、平衡分析、网损分析、旁路替代的支撑。

（3）统一电量数据发布平台采用 SOA 架构，支持统一的对外接口服务。主要实现与同期线损系统、电力市场运营系统、海量数据平台、现货交易系统以及其他相关系统数据共享。

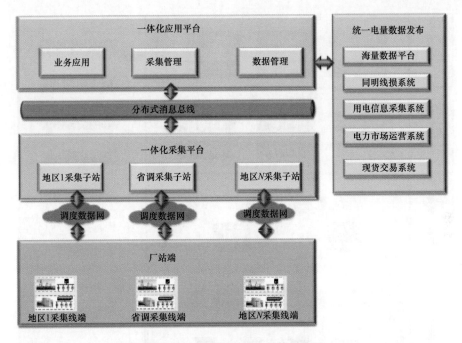

图 4-13　电量采集系统总体架构图

2. 逻辑架构

为了构建高可用性、安全性、可靠性、可伸缩性和扩展性的省级集中电能量计量系统，系统采用成熟、标准的 J2EE（Java 2 Enterprise Edition）企业平台架构搭建，采用多层的分布式应用模型、组件再用、一致化的安全模型及灵活的事务控制，使系统具有更好的移植性，以适应电能量计量系统应用环境复杂、业务规则多变、信息发布的需要，以及系统将来的扩展的需要。

电量采集系统的逻辑架构示意图如图 4-14 所示。

电量采集系统从逻辑架构上分为应用层、统计分析层、数据存储层和数据采集层。

（1）应用层。提供统一的业务应用操作界面和信息展示窗口，是系统直接面向操作用户的部分，包括了数据查询、模型管理、线损平衡、采集运维、状态监视、系统管理等功能，系统通过统一数据接口平台与外部系统交互。

（2）统计分析层。实现具体统计分析业务逻辑，是系统主站的核心层，主要包括电量处理、电量统计、数据校验、平衡计算、异常分析和公式计算等业务逻辑。

（3）数据存储层。接收分布式消息总线传送的电量数据，实现省地大规模电能量数据信息的存储、访问、整理，为系统提供数据的管理支持。数据层包括了关系型数据库、实时数据库系统、分布式消息消费者等模块。

（4）数据采集层。实现省地的电能量数据的一体化采集，主要包括计量设备层和前置采集层，其中计量设备层主要有电能量计量终端设备、电表及相关通信设备组成，前置采集层主要包括通信管理、规约管理和任务管理三部分，主要实现异步和同步通信通道的管理、规约库的配置和管理以及采集任务的调度等功能。

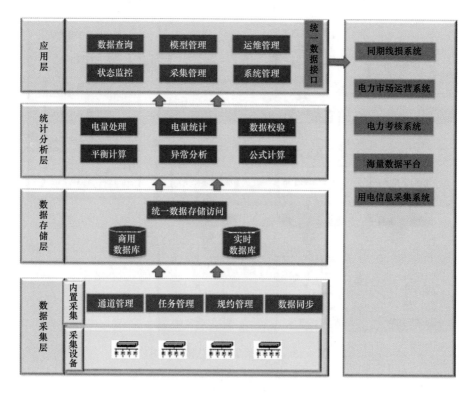

图 4-14 电量采集系统逻辑架构示意图

3. 功能架构

电量采集系统功能架构示意图如图 4-15 所示。

电量采集系统的功能从整体上分为系统管理、参数管理、采集运维、状态监视、业务变更、数据查询、线损平衡和网损管理 8 个部分：

（1）系统管理。系统管理主要实现用户管理、角色管理、权限管理、站点维护、菜单管理和域名表管理等功能。

（2）参数管理。参数管理主要实现了电网模型管理、采集模型管理、费率参数管理、计算公式管理等功能。

（3）采集运维。采集运维主要实现采集报文查询、手动任务召测、时钟召测同步、自动任务召测、采集报文监视等功能。

（4）状态监视。状态监视主要实现系统的异常监测及详细的异常各类型信息查询、采集状态监视、通道状态监视、采集成功率监视、厂站状态监视等功能。

（5）业务变更。业务变更主要实现换表管理、换 TA/TV 管理、旁路代管理、重处理、数据修改、重计算等功能。

（6）数据查询。数据查询主要实现电量数据查询、遥测数据查询、报表数据查询、日冻结费率查询、电表终端事件查询、月最大需量查询等功能。

（7）线损平衡。线损平衡主要实现线损模型管理、变损模型管理、母平模型管理、线损数据汇总查询、变损数据汇总查询、母平数据汇总查询、线损趋势分析、母平趋势分析和变损趋势分析等功能。

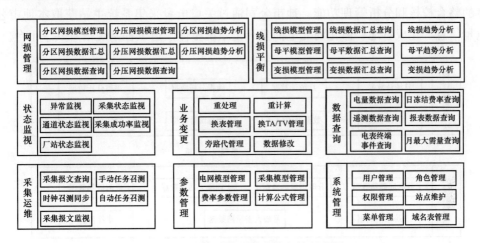

图 4-15　电量采集系统功能架构示意图

（8）网损管理。网损管理主要实现分区网损模型管理、分压网损模型管理、分区网损数据汇总与查询、分压网损数据汇总与查询、分区网损趋势分析、分压网损趋势分析等功能。

4. 数据架构

电量采集系统中各类数据的产生和用途各不相同，根据数据的业务属性，将数据分为模型数据、电量原始数据、电量熟数据、统计分析数据四大类，其中模型数据为系统采集和其他业务开展的模型基础，由电网模型和采集模型组成，电网模型有来自市和地区的两级电网模型组成，系统的采集模型基于电网模型构建；电量原始数据是系统直接从终端和电表采集到的电量相关数据，包括原始分时底码、原始分时增量、原始四象限无功，原始遥测值、原始日冻结值、原始月最大需量和电表终端事件信息；电量熟数据是原始电量数据经过数据校验及处理后的电量数据，主要包括分时底码熟数据、分时增量熟数据、四象限无功熟数据，遥测值熟数据、日冻结熟数据月最大需量熟数据和事件信息；统计分析数据是电量熟数据通过数据统计、数据计算和数据分析后产生的日统计、月统计、线损及平衡分析数据、指标统计数据、计算公式数据处理信息和异常数据信息。电量采集系统数据架构示意图如图 4-16 所示。

5. 物理架构

本次系统建设的主体部分部署在生产控制大区的Ⅱ区，并通过管理信息大区的Ⅲ区进行数据发布以及与外系统的接口。

系统的数据采集功能部署在生产控制大区的Ⅱ区，经调度数据网方式与厂站侧电能量采集终端进行通信，实现电能量数据采集。

二、系统功能

省调主站通过与省调自动化系统等系统接口，地市公司子站通过与各地调自动化系统接口，获取省网所有变电站运行实时数据、电网模型、电量数据以及并网电厂电量数据、并网小水火电厂电量数据，实现省网各级关口电量信息的全量采集，实现关口电量信息的整合校核和分析管理功能。地市公司通过关口电量采集系统主站获取本地市公司的电量信息，建成省地一体化河北电能量计量系统整体改造工程系统信息共享平台。

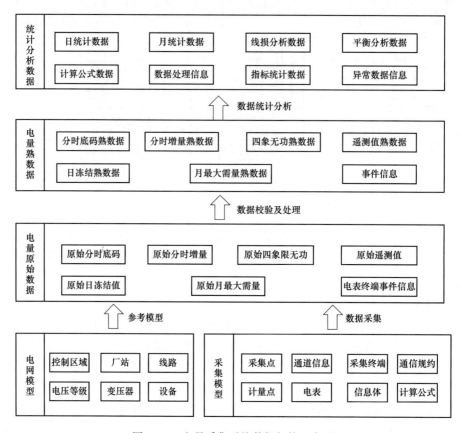

图 4-16   电量采集系统数据架构示意图

（一）计量装置管理

1. 计量参数管理

计量参数管理包括如下类型：

（1）电能表档案基于基础平台的电网模型进行挂接定义。实现电网拓扑中的导电设备与电能表的关联关系。

（2）电能表参数管理。包括倍率系数、小数位、通信规约、生产厂家、产品型号、软件版本、投运时间等信息的增、删、改、查功能。

（3）采集通道管理。包括主站到电量采集终端的通道参数、电量采集终端到计量电能表的通道参数，主站到计量电能表的通道参数等信息的增、删、改、查功能。

（4）采集任务策略管理。具备对各类数据的采集策略、配置等信息的增、删、改、查功能。

2. 设备轮换和参数修改处理

当电能表更换、电能表校核、电能表满码时，能够根据操作前后电量示值的变化情况进行电量计算。

当电能表更换后，换表期间的电量可以通过副表电量、功率积分电量、线路对端电量以及人工输入电量进行补偿。

当 TA/TV 更换后，能够根据操作前后变比的变化情况进行电量计算。

装置轮换后，系统保存装置历史信息和操作记录。

能够通过电量数据变化判断电能表轮换事件的发生，并告警。

（二）数据采集

数据采集应用通过通信通道实现对电能量远方终端或电能表的远程连接，基于通信规约实现电能量数据的采集、通信状态监视、故障诊断等功能。

市级 TMR 主站系统通过各类传输通道采集、处理厂站设备传送的电能量数据，处理能力：不小于 10000 个厂站及 200000 块电能表。

地级 TMR 主站前置采集系统通过各类传输通道采集、处理厂站设备传送的电能量数据，处理能力：不小于 1000 个厂站及 20000 块电能表。

1. 采集数据类型

系统采集的主要数据项有：

电能量数据：总电能示值、各费率电能示值、总电能量、各费率电能量、最大需量等。

交流模拟量：电压、电流等。

事件记录数据：终端和电能表的事件记录数据。含 TV 缺相、TA 断线、相序错误、失电等），并能根据需要扩充采集的数据项。

2. 采集方式

主要采集方式有：

（1）自动采集。按采集任务设定的时间间隔自动电量采集终端数据，自动采集时间、间隔、内容、对象可设置。当定时自动采集数据失败时，主站具有自动补采功能，保证数据的完整性。

（2）手动召唤。根据实际需要，具备人工召唤数据功能。支持不同维度的数据召唤，提供按电量采集终端、电能表、时间范围等维度进行召测。

（3）现场补召。系统支持当通道在一段时间内故障或异常情况下，通过人工在现场利用手持式抄表设备或通过电量采集终端维护工具读取加密电量数据的方法将数据导入 TMR 应用中。

3. 采集通道管理

电能量计量主站与采集终端或电表之间的通信方式支持：

（1）调度数据网方式。

（2）无线通信方式（通过安全接入区）。

（3）专线通信或电话拨号方式（满足安全防护要求）。

采集通道管理具备相同类型或不同类型的多通道优先级管理，故障时可根据通道优先级策略实现通信通道的自动切换。系统具备对通道的周期性检查。具备人工指定通道进行通信的功能。负责采集服务器与原有拨号装置的连接和调试。

4. 采集任务管理

采集任务管理用于采集任务的调度。具备任务调度策略配置，按照负载均衡的原则通过任务分配、回收实现采集任务的调度；具备故障恢复时任务的自动重新分配，并根据任务间隔进行任务的调度管理，实现对采集任务的全过程监视；具备任务优先级管理。

系统具备断点续传的功能，断点续传能进行次数设置，多次采集不成功可以继续下一个采集点，并推出异常告警。

对无法正常完成采集的电能量远方终端，将在事件日志中记录，并以画面和工况图的方式报警，以便运行维护人员及时处理，从而保证数据的完整性和连续性。

可以手动终止一条或多条正在进行的采集任务。

支持多机分布式采集系统。各个数据采集服务可同时并行采集多个子站、计量终端、电能表，提供自动负载均衡功能。采用任务自动分配的方式进行数据的多机分配及负载均衡；各服务器之间支持冗余和故障恢复功能。数据采集服务采用多线程机制，充分利用所有系统资源同时并行对多个子站、计量终端、电能表进行采集。

5. 通信协议

支持 DL/T 719—2000 电力系统电能累计量传输配套标准；

支持河北省电力公司变电站电能计量采集技术标准；

支持 DL/T 645 多功能电能表通信协议。

6. 规约管理

首先从通道管理子应用获取通道通信 I/O 句柄，根据通信的不同方式派生出同步规约处理类和异步规约处理类，对于同步通信方式创建同步规约，同步规约方式使用 I/O 事件多路分离的原理实现，当通信链路的 I/O 上发生相关事件后回调响应的函数，异步规约方式将通信链路安装在规约流程处理部件中，由采集任务项驱动 I/O 的收发，规约流程处理与采集任务项结合，根据采集任务项的编码执行命令，执行的命令通过编码工厂实现通道码与数据对象之间的转换，转换出来的数据对象通过数据缓冲区发送给数据处理子应用。

在逻辑上，业务处理子应用分为以下 3 个部分：

(1) 规约管理模块。管理和创建系统中所有的规约对象。

(2) 规约编码工厂管理模块。负责解析和封装报文，通道码和数据对象的相互转换。

(3) 业务逻辑处理。按顺序形成通信报文，同时将通过报文解析得到的数据发送给数据缓冲区。

7. 采集监视

具备采集通道信息的监测，包括通道报文的在线监测与解析，报文信息应可滚动存储（至少保存一个月）；监视采集过程的运行情况，对终端在线情况、任务执行情况、通道运行情况、数据采集服务、运行情况进行监测，并具备发生故障时推送告警服务的功能。

8. 对时管理

对时管理应用通过远程通道实现对电量采集终端或电能表的远程时钟管理，实现电量采集终端、电能表时钟的召测，实现对电量采集终端的对时功能，实现主站系统各节点的时钟同步，并提供时钟分析服务。

（1）对时策略管理。具备按省地、厂站配置自动对时策略，策略应包括时间维度、对时偏差阈值（当主站与电量采集终端或电能表在阈值内对时，否则不应对时），系统自动对时前进行自动召测比较时钟偏差。

（2）主站对时。系统支持串口方式对时，也支持 NTP 网络方式对时，系统自动保持主站各节点时钟一致，时钟误差不大于 1s。

（3）电量采集终端对时。支持对单个或多个电量采集终端进行手工时钟召测和对时操作；时钟偏差越限时给予告警；系统具备自动对时服务，可以通过配置自动任务对系统中的全部电量采集终端对时。

（4）电能表对时。支持对单个或多个电能表进行手工时钟召测操作，时钟偏差越限时给予告警；系统具备电能表现场对时人工登记功能，具备按厂站、登记日期、处理日期、处理人、处理方式进行查询。

（5）时钟分析。具备按省地、厂站统计时钟偏差在某一范围内的电量采集终端、电能表的数量，范围可配置（默认电能量采集终端 1min，电能表 5min），并提供设备明细供用户现场对时或者在主站远程对时。针对主站采集到的电能表时间超差信息进行汇总分析，实现对各地区、各时间段内存在的时钟误差统计，为现场处理或者故障定位提供依据。

9. 跨区采集

系统支持跨区数据采集，支持Ⅱ区、Ⅲ区的数据采集，并提供统一的操作、监测界面，提供统一的访问服务及数据汇集服务，实现操作、数据存储的统一管理。

（三）数据处理

系统具备电能量数据的存储、电量计算、公式计算、数据校核等功能。

1. 数据存储

采用统一的数据存储管理技术，对采集的各类原始数据和应用数据进行带时标的分类存储和管理。需满足以下要求：

（1）增量数据存储周期应支持至少 15min，历史数据至少保存 36 个月，部分历史统计数据应保存 5 年以上。

（2）具备电能量数据存储的稀疏化存储功能，支持根据时间范围的滚动稀疏功能。

（3）具备系统级和应用级完备的数据备份和恢复机制，并可对归档历史数据进行便捷地查询。

（4）具备统一的数据管理功能，支持原始数据存储和副本数据存储。原始数据指采集的原始数据，用于数据存档；副本数据主要用于业务应用。对原始数据存储具备保护措施，以防止修改；对副本数据的访问及修改应提供权限控制功能，并保留修改记录，电量数据修改后须在数据库中置人工标志。

（5）所有历史数据应能够转存到外部的存储介质上作长期存档资料，对归档历史数据可便捷地查询。

2. 数据定义

数据定义充分考虑电网分层和业务流程管理以及 WEB 发布的需要。

对数据库结构进行优化设计。采用面向电网的定义方式，具备对电网结构以及电网相关设备的描述能力，系统档案数据从 OMS 系统获取，电网模型数据从 SCADA 系统中获取，实现自动建模和网络拓扑。针对线损"四分"（分线、分区、分电压等级、分元件）建立拓扑关系。

系统的电网模型基于标准的 CIM 进行创建，电网模型同步来自智能电网调度控制系统基础平台的电网模型信息。所有计量点的命名遵循《电网设备通用数据模型命名规范》的要求，并与智能电网调度控制系统命名保持一致。依据电网模型形成由线路、变压器、电压等级、区域、母线、变电站等电力资源组成的平衡和损耗计算公式，对平衡和损耗计算公式进行生命周期的管理，平衡和损耗计算公式与电网模型变化保持同步，形成历史断面，可回溯。

能方便地在线定义或修改电能量表计的倍率、时段（数量可以任意设置，时间间隔最小为 1 分钟）、存储周期（不同的数据可以设置不同的时间间隔）、TV/TA 变比以及数据处理方式、计算结果输出及报表格式等。系统能自动从 OMS/SCADA 系统中获取修订的档案及模型数据，能够对设备参数调整等变化，并自动调整相关内容。支持双表模式的定义，保证重要关口数据的准确性。

数据库中的电能量数据结构包括如下内容：电能量数据的识别信息、时标信息、数据内容、数据状态、网络拓扑关系、旁路替代关系、主备表关系、备注信息等。系统将采集到的数据带时标存储，时间间隔可调（1min～1h）。

满足电力监控系统网络安全防护的备份策略要求。

3. 电量计算

根据应用功能需求，可通过配置，对采集的原始数据进行计算、统计和分析。应具备以下功能：

（1）根据数据采集的进度实时计算。

（2）按表底值计算电量（日/月等电量的计算应使用结算时刻的表底值来计算，如日电量的计算应按本日和上日的零点表底值计算，而不是该周期内数据存储周期电量的累加；月电量的计算应该是按本月结算日和上月结算日的零点表底值计算，而不是该周期内日电量的累加）。

（3）按增量值计算电量。

（4）设定时段的表底值差和增量累加两种统计方法灵活切换及结果比对功能，当比对结果超过一定阈值时给予告警。

（5）按积分周期、日、月、年及费率定义进行计算。

（6）按任意时间段进行动态计算。

（7）按电表表底值计算电量，并且日/月等电量的计算应使用结算时刻的表底值来计算，同时考虑该时段内的换表、换 TV/TA、电能表底码走至满码后进入新一轮循环、费率变更等情况。

（8）对表底值缺数应提供平移和线性插值法等模式进行修补，且提供标记。

4. 公式计算

根据应用功能需求，可通过配置或公式编写，对电量数据进行计算、统计和分析，以及电量数据召唤后能触发重新计算。具体支持以下功能：

（1）用户自定义运算方法或规则。

（2）支持嵌套公式的计算。

（3）公式触发式连锁运算功能，即当分量发生变化时能自动重新运算，保证数据的一致性。

（4）公式运算的计算间隔应可以由用户定义，所有运算结果自动保存到数据库中，并自动进行统计。

（5）当公式分量未能采集齐全时应支持临时替代计算，当公式的分量采集齐全的时候自动进行重计算。

（6）计算公式生命周期管理。计算公式应带时间标识，当电网模型变化等因素造成计算模型变化时，可以将变化前的计算公式作为历史断面进行保存处理。

具备按积分周期、日、月、年及费率定义进行计算。

5. 数据校核

系统具备采集数据完整性、正确性的检查和分析手段，发现异常数据或数据不完整时自动进行补采。具备数据异常事件记录和告警功能；异常数据应置人工标识；对于异常数据不予自动修复，并限制其发布，保证原始数据的唯一性和真实性。

数据校核内容包括：

（1）电量数据的连续性校核（如数据丢失、数据停滞）。

（2）电量数据的合理性校核（如底码倒走、突变电量、底码跳变）。

（3）主副电能表电量数据偏差校核。

（4）线路两侧电能表电量数据偏差校核。

（5）功率积分数据对照校核。

（6）同期负荷曲线对照校核。

（7）增量数据与表底数据对照校核。

（8）积分周期异常校核（针对时钟同步造成的积分周期异常情况）。

（9）可以选择一定周期对某条线路或者主变压器、上网电量的波动进行比对分析。

（10）支持获取 D5000 的 SCADA 系统的线路或主变压器的积分电量进行比对，并在电能量计量系统采集异常时可获取 SCADA 的积分电量替代。

注　底码倒走指电能计数器读数变小的异常状态。

对异常数据校核后，应对异常数据以颜色标示。

1）系统提供多种异常数据修补方案，可自动/手动做数据修补。被修补数据的老值、新值皆被保存进数据库，保证原始数据不被覆盖，应提供电能数据的可追溯性，修补数据设置相应的质量标志，具体如下：

2）数据校核功能，确保电能量数据的可靠性，核对方法包括主副表校核、线路平衡校核、功率积分电量/遥测数据校核、电能量平滑度校核、阈值校验，发现超差自动告警，误差范围可以定义。

3）提供数据校验对象的选择功能，不同对象可以对应多种检验模式，也可取消对校验对象的跟踪。

4）数据校验结果将作为数据预估的对象。

5）提供数据预估功能。用于对数据编辑的结果进行评估，也可作为数据编辑的依据，对数据管理者提供参考的策略。

6）提供多种预估手段，包括：主副表对照预估、线路对端数据预估、历史同期数据预估、功率积分电量/遥测数据预估、线性数据预估、常量补偿预估。

7）数据预估结果可作为数据编辑功能的依据。

8）提供多种异常数据编辑方案，可自动/手动做数据编辑。被修补数据的老值、新值需做记录，保证原始数据不被覆盖。编辑数据应设置相应的质量标志。

9）当数据错误或缺失时，可以手工或自动采用校表数据、功率积分电量、线路对端数据进行替换，并设置相应的质量标志。

10）被编辑数据提交后，必须通过审批人审批后方可生效。数据编辑人与审批人必须是不同用户。

11）支持数据编辑后自动同步统计、计算数据的功能。

12）支持编辑数据的冻结功能。当数据被标记为冻结后，将无法被再次修改，只能通过数据恢复功能还原。

13）支持编辑数据的恢复功能。

6. 数据分发

用户可以根据基础平台提供的数据交换定义，交换上下级关口计量数据。并将采集到计量数据和实时信息分发给电量计量应用的其他模块。

7. 考核指标跟踪

系统能够提供考核指标跟踪分析功能，通过各种指标项可监测系统采集状况，变电站平衡状况等，满足指标全程监控的需求。

（1）应采计量点总数。各地区要求采集的计量点总数。

（2）已安装电表数。各地区已经安装的电能表数量。

（3）电表安装覆盖率。各地区已安装电表数量（同一个计量点安装多块电表的算一块）与应采计量点数量之比。

（4）采集接入数。各地区安装电表并且采集的数量。

（5）采集覆盖率。采集接入数（同一个计量点安装多块电表的算一块）与应采计量点总数之比。

（6）采集成功数。各地区的电表数据采集到当天零点的电表总数。

（7）采集成功率。采集成功数与采集接入数之比，用百分数表示。

（8）厂站总数。各地区投运的厂站总数。

（9）变电站母线平衡。

1）220kV 及以上母线：母线不平衡率的绝对值不大于 0.5%。

2）10～110kV 母线：母线不平衡率的绝对值不大于 1%。

（10）模型完成率。EMS 模型与 TMR 模型匹配率。

（11）数据完整率。支持零点冻结值的完整率统计。

（12）白名单。35kV 及以上输电线路及母线轻载、空载、备用白名单自动判断、自动统计功能。

8. 智能研判

系统可以基于电量采集的全过程监测，准实时研判定位采集故障。基于采集任务的执行机制以及数据采集链路执行状态，综合档案信息、通信信道、终端、电表通信状态以及采集到各类事件数据等进行分析和智能研判，监测采集全过程异常信息，准实时推送到统一的监控告警页面或其他管理模块，重要事件可通过短信、邮件方式及时通知相关人员，提升运维处理效率。

系统可以基于准实时在线的变电站统一集中监控措施，实现平衡监控分析机制的健全和变电站平衡的全面治理。基于电网模型以及平衡分析信息，建立变电站电量平衡主动智能研判计算模型、规则库。研判变电站平衡状态，结合采集故障研判定位分析结果，对不平衡原因智能诊断并告警，为同期线损管理提供保障和信息支撑。

（四）费率管理

1. 概述

费率管理功能模块根据计量表计定义的费率信息进行汇总和计算，处理费率轮换对电量数据造成的影响。

2. 费率管理

（1）支持对费率定义的增、删、改、查操作。

（2）支持多费率管理。能够对不同的计量对象设置不同的费率。

（3）费率生命周期管理。支持费率自动出发和手动出发的轮换功能（如冬夏季费率轮换）。

（4）记录费率的修改、增加、删除时标并自动保存，并根据修改后的费率对电能量数据进行重处理。

3. 费率统计

（1）根据采集到的电能计量数据，根据费率定义的时段信息，按日、月、年进行电量的统计和汇总。

（2）支持通过费率底码进行统计。

（3）对关口电量汇总和结算所需的计算数据进行费率统计和计算。

（4）在费率调整后能够自动和手动的触发对时段电量的重新统计和计算。

（五）关口电量统计

1. 概述

关口统计汇总模块依据电网模型中定义的上下网关口，将电量数据按区域、按电压等级、按线路、按关口类型进行统计汇总。

2. 上网和下网关口定义管理

（1）按关口的类型和属性，分区域、电压等级、线路等模型，设置并定义应用内的上网和下网计量关口。

（2）根据电网模型和关口的属性，形成相应的计算逻辑。该计算逻辑能够随着电网模型和关口属性的调整而变化。支持人工定义计算模型，具备简单明了的操作界面。

（3）关口汇总计算模型的生命周期管理。根据关口和电网模型的变化，记录历史汇总的计算模型，以便汇总数据的回溯。

3. 电量统计

（1）按关口的类型和属性，分区域、电压等级、线路等模型，对相应电量数据进行汇总。

（2）支持通过费率底码进行统计。

（3）对汇总的电量数据根据费率定义，进行日、月、年的费率统计。

（六）电量损耗分析

1. 概述

根据电网模型定义，对线路、变压器进行损耗分析；电量损耗分析包括线损分析、网损分析等功能。

2. 线损分析

通过采集的电能量数据以及电网模型，实现分区、分压、分设备的统计和分析。

线损对象必须依据 SCADA 模型自动生成。

按线损率进行分类排序。可分别设置线损率指标，当线损率越限时给予告警。

按日、月、年以及费率时段进行线损和线损率统计。

支持在线计算线损和线损率，支持任意时间段计算。

考核对象可按时间设置不同的考核模型，考核模型的修改和增加简便。

可人工录入、自动抄录欠缺的参与线损计算的电量数据。

3. 变电站用电统计分析

通过采集的电能量数据以及电网模型，实现变电站用电统计和分析。

4. 网损分析

（1）通过基础平台的电网模型和关口定义，构建分区、分压的网损计算模型。

（2）按照自定义计算周期，进行网损计算。

（3）随电网结构变化，生成网损计算模型断面。

（4）对网损计算具备同比、环比分析功能。

（5）支持以日、月、年为单位进行网损数据的统计分析。

（6）支持全省、市、区（县）、区域，分压的网损或网损率统计。

（7）支持无功补偿装置分区、分压电量统计分析。

（8）损耗超过人工设定的阈值时，系统能够下钻关联查询电能量远方终端、通道、表计等异常事件。

（七）平衡分析

1. 概述

电量平衡分析模块根据电网模型定义，对线路、变压器的电量损耗进行平衡分析，根据区域、电压等级、母线进行电量平衡分析。

2. 电网模型管理

（1）同步来自基础平台的电网模型信息。

（2）依据电网模型形成由线路、变压器、电压等级、区域、母线、变电站等电力资源组成的平衡和损耗计算逻辑。

（3）对平衡分析逻辑形成生命周期的管理。平衡分析逻辑随电网模型变化而变化，并可回溯历史断面的分析。

3. 线损分析功能

（1）通过电能量计量数据以及公共电网模型，实现分区、分压、分元件等不同类别的线损电量及电能平衡的统计和分析。

（2）统计线损是指由供、售电量相减得到的线损。应可以进行以下方面的线损统计分析：

1）分区统计。按区域管辖电网设备对电能损耗进行统计分析。

2）分压统计。对全网按照电压等级对电能损耗进行统计分析，主要包括1000kV电网线损、750kV电网线损、500kV电网线损、220kV电网线损等。

3）分元件统计。①按设备元器件对电能损耗进行统计分析，主要包括主变压器损耗、线路损耗等；②按线损、线损率进行分类排序，线损耗率指标应可分别设置，线损率指标越限或异常时应产生相关事项，并通知到相关管理人员；③线损指标除了表格显示外还应可以支持曲线、棒图等更直观的显示方式。查询结果应可以作为考核依据，历史存档；④以日、月、年以及费率时段为时间单位对线损和损耗率进行统计；⑤在线计算线损和线损率，并可按任意时间段计算，以表格和曲线方式展现。

4. 平衡分析

（1）通过电能量计量数据以及公共电网模型，实现区域、变电站、电压等级、母线、变压器的电量平衡的统计和分析。

（2）按平衡率进行分类排序。平衡上下限指标可分别设置，对越限记录产生相应异常告警，并通知相关管理人员。

（3）以日、月、年以及费率时段为时间单位对区域、变电站、电压等级、母线、变压器的电量平衡数据进行统计。

（4）对区域、变电站、电压等级、母线、变压器的电量平衡数据提供同比、环比分析。以表格和曲线、棒图方式展现。

（5）对理论线损进行计算、分析，与实际线损进行比对，提供比对结果的展示功能，对比对结果越限的结果予以告警。

对每个厂站按终端故障、通道故障、母线不平衡进行分类异常检测，对可能的故障原因汇总显示。同时提供异常的详细分析界面，分析分结合主变压器平衡分析、全站平衡分析、联络线平衡分析，采用排除法对正常的计量点进行排除，尽可能缩小故障范围，精确定位的故障点，同时根据异常检测规则检出的异常结果，分析出可能的故障原因。

提供可视化手段，对故障点实时比对副表、积分电量、对端电量等多种替代方案下的母线平衡情况，实现半自动数据修正替代，减轻维护工作量，满足及时推送电能及平衡数据给同期线损管理系统的要求。

据配置的策略，后台程序自动按不同的替代规则对故障点进行分析，选择最优的替代定规则自动智能对数据修正，满足及时推送电能及平衡数据给同期线损管理系统的要求。同时形成告警事项并提供修正前后平衡比对分析界面。

（八）安全管理

遵循《电力监控系统安全防护总体方案》"安全分区、网络专用、横向隔离、纵向认证"的要求，并在其基础上实施加密认证和安全访问控制，建立纵深的安全防护机制。

1. 安全原则

针对机密性、完整性、可用性和可证实性的要求，采用完备的安全技术，建立全面的安全管理体系。

安全防护功能的内容包括：

（1）采用专用隔离装置实行安全分区，并在分区的基础上建立起安全横向数据传输机制；

（2）开发安全的实时通信网关，构建安全通信隧道，实现端对端的安全通信；

（3）实现基于证书的身份认证，并在此基础上实现一体化上下级之间的角色访问控制；

（4）采用安全操作系统，提升系统自身的抵抗外部攻击或病毒的防御能力；

（5）建立安全审计手段，加强对电量应用安全性的监视和统计分析。

2. 网络安全要求

电网调度控制系统应严格按照《电力监控系统安全防护总体方案》防护要求，具备安全分区、网络专用、横向隔离、纵向加密功能。防止电能量计量应用与不在同一安全区域内的其他业务系统共用电能量采集终端。

（1）应符合安全分区要求。

（2）应符合网络专用要求。

（3）具备横向隔离功能。

（4）具备纵向加密功能。

3. 用户安全要求

访问控制是针对越权使用资源的防御措施。基本目标是为了限制访问主体（用户、进程、服务等）对访问客体（文件、系统等）的访问权限，从而使计算机系统在合法范围内使用。

依靠已建立的电力调度证书系统，在全国调度系统范围内建立统一的身份角色管理制度，采用安全标签技术实现服务提供者对访问者的粗粒度访问控制。

（1）具备安全标签功能。

（2）具备认证与授权功能。

第六节 视 频 系 统 部 分

一、总体架构

（一）系统架构

根据电网公司的组织架构，变电站综合辅助系统为分层、分区的分布，变电站综合辅助系统主要由站端系统和主站系统（省级主站系统、地市级主站系统）构成，承载于电力综合数据网，组成一个完整的多级联网系统。视频系统架构示意图如 4-17 所示。

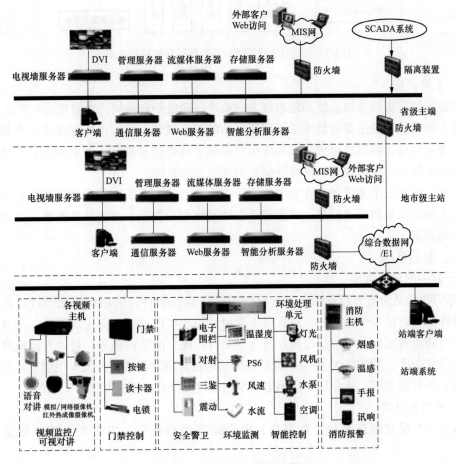

图 4-17 视频系统架构示意图

（二）系统组成

1. 站端系统

站端系统对站内的视频监控、环境监测、安全警卫、消防报警、门禁、SF_6泄漏报警、智能控制等系统进行了整合，主要负责对变电站视音频、环境量、报警信息等信息进行采集、编码、存储及上传，并通过站端平台预置的规则进行自动联动。站端辅助系统综合监控平台架构示意图如图 4-18 所示。

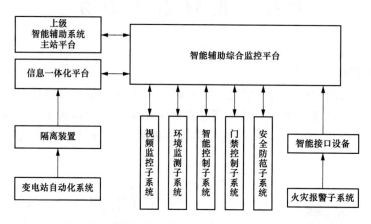

图 4-18 站端辅助系统综合监控平台架构示意图

2. 主站系统

主站系统分省级主站系统和地市级主站系统，两级平台构架、功能基本一致。

地市级主站系统主要管理地区下属变电站的所有设备，接收由所辖变电站上报的环境、告警等信息，满足地市级主站系统用户视频、环境信息查看、变电站设备控制的需求，同时也提供相关的视频、环境等信息给省级主站系统。

省级主站系统主要管理全省变电站的所有设备，接收由所辖地市级主站系统及直属变电站上报的设备和环境信息，满足省级主站系统用户视频、环境信息查看、变电站设备控制的需求。

二、主站系统

（一）平台总体架构

NSV8000 是为电力行业用户量身定制的综合监控软件，采用模块化设计，部署方便，操作简便，还可根据行业自身管理要求和监控现状做进一步的定制开发，充分体现监控安全防范管理的效率。通过良好的分层结构，统一的接口服务，可以有效地降低系统构建的复杂度。NSV8000 平台系统根据分层的设计理念把系统分成 4 个层次，即基础平台层、平台服务层、业务层、应用层。平台软件的架构示意图如图 4-19 所示。

1. 基础平台层

基础平台层对操作系统、数据库、安全加密进行封装，提高开发效率和系统兼容性。

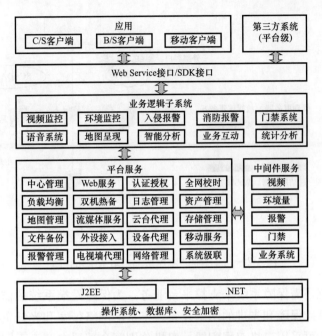

图 4-19 平台软件架构示意图

2. 平台服务层

平台服务层提供了中心管理、Web 服务、认证授权、日志管理、资产管理、地图管理、流媒体服务、云台代理、存储管理、文件备份、设备代理、移动服务、报警管理、电视墙代理、网管服务等通用服务外，还提供了电信级系统必须具备的负载均衡、双机热备、全网校时、系统级联等服务。

提供了设备抽象模型和外设接入服务，可以兼容多厂商、多种类、多协议的各种异构硬件，支持接入第三方视频设备、环境量、门禁、报警、消防和业务系统。

3. 业务层

业务层通过对平台服务的归纳、封装，提供了视频监控、环境监控、入侵报警、消防报警、门禁系统、语音系统、地图呈现、智能分析、业务互动、统计分析等综合业务，方便应用层调用。

4. 应用层

应用层通过 Web Service 接口调用平台提供的各种服务，可将具体的业务呈现给最终用户，呈现方式有：C/S 客户端、移动客户端、基于 Web 技术的 B/S 客户端。平台还提供了 Web Service 接口或 SDK 接口供第三方平台调用。

5. 主站系统组成

变电站综合辅助监控主站系统主要由管理服务器、流媒体服务器、WEB 服务器、存储服务器、客户端等系统及设备组成。综合辅助监控系统主站系统拓扑图如图 4-20 所示。

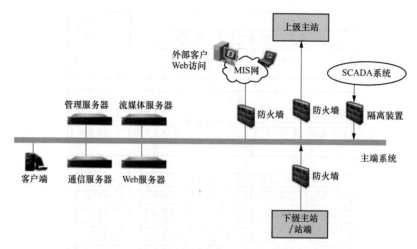

图 4-20　综合辅助监控系统主站系统拓扑图

同时主站系统还需保障系统来支撑平台业务。为保障站端系统的监控质量，中心需具备完善的机房基础保障和先进的网络设备、丰富的网络带宽和光纤资源；为保障平台的稳定运行，中心可采用双机双网配置，双机分别冗余部署在两个不同的网络中；为保障平台的网络安全，应在平台与 MIS 网、电力综合数据网之间配置防火墙，通过定义安全策略来实现网络安全。

主站系统作为全市变电站的汇聚点，配置管理全市下辖所有变电站的设备，接收由所辖变电站上报的环境、报警等信息，满足地区级主站系统用户视频、环境信息查看、变电站设备控制。

平台视频监控部分支持国内主流厂商的硬盘视频录像机（DVR、NVR 等）或网络摄像机，能根据特殊厂家提供的设备 SDK 开发包定制开发，在设备侧实现对厂家私有协议的接入，在客户端侧通过厂家的解码库实现对私有图像格式解码，从而具备对多厂家、多品牌设备的接入能力。平台应有完善的对本系统所有设备实时监测管理能力，对本系统接入的变电站的前端设备运行状态可以提供可视化统计报表，方便运维人员维护和管理。

同时主站系统作为河北省主站系统的接入点，应满足省级主站系统对视频和环境信息的需要，转发大量信令、视音频、数据等信息给省级主站系统。

（二）主站系统功能

主站系统实现对设备全景数据的形象化展示、控制、告警和联动，集成视频监控系统、安全防范系统、消防火灾系统、环境监测系统等子系统，并能够实现与 SCADA 的互动，实现整个系统的联动互动以及信息共享，达到运行集中监控与电网调度业务高度融合，满足扁平化、一体化的监控要求，为生产运行、安监管理、调度决策人员提供各自所需的高度集成的辅助信息支撑。

1. 基本功能

（1）WEB 访问。升级后系统可以通过浏览器以 WEB 方式访问服务端，展示前端变电站视频监控画面及相应采集数据，支持系统内所有局域网用户通过身份验证后登录WEB界面。

（2）视频监控。在后端平台可实时监视前端变电站的所有图像信息，完成远程站端图像的实时显示、监控、存储等功能，接入方式包括模拟通道接入和 IP 通道接入。按照实时监控画面和预置位画面可以分为维护视图和监控视图，支持监控点按多级树形方式展开、选择所需监控的视频，支持 1、4、9、16、25 等多种画面分割方式，同时在同一个监视屏幕内监视一个或多个站端的实时视频，支持多画面全屏显示和本地抓图及本地录像存储功能，支持视频监控窗口叠加环境量实时数据。同时还可以按照用户的监控对象等因素对摄像机进行自定义分组，使得视频监控更具有针对性和实用性。

（3）云台控制。支持在实时预览窗口中和云台面板上进行云台控制操作，包括对云台进行 8 个方向的控制和镜头的变倍变焦等操作。同时支持动态调节亮度、对比度、饱和度、色调等视频参数已经设置和调用视频预置位等功能。

（4）录像回放。所有监控点的视频均实时录像，存储于硬盘录像机，后端监控人员可在升级后的系统内对硬盘录像机上设置录像的各监控点录像进行检索、回放和下载等操作。

2. 扩展功能

（1）安防监控。变电站通过数据采集单元将安防系统各种报警设备信号采集并转发，主要有电子围栏告警、红外对射告警、红外双鉴告警等，升级后的系统可以通过IEC 61850 协议或 IEC 104 协议将报警信号进行接入并展示，同时可以通过告警联动配置联动声光报警设备和视频预置位。

（2）消防监控。变电站通过数据采集单元从消防报警主机将消防系统告警总信号采集过来并转发，部分站点条件具备可以通过协议接口设备与消防报警主机通信。升级后的系统通过前端数据采集单元以 iec61850 协议或 iec104 协议接入消防系统，实现消防告警信号的实时监测并能对前端消防主机进行远程复位和消音操作，同时可以通过告警联动配置联动相应输出设备和视频预置位。

（3）环境监测。变电站通过数据采集单元采集前端变电站的各种环境监测传感器数据，如温湿度、水浸、风速等，升级后的系统通过 iec61850 协议或 iec104 协议将环境数据进行接入并展示，支持对环境数据的实时监测及存储，实时数据以曲线或列表的形式展示，可设置报警上下限阈值并联动相关调节设备，实现环境的恒定和自愈。

（4）门禁控制。升级后的系统集成门禁管理客户端，可实现对微耕、海康等主流门禁厂家设备的无缝对接，满足用户对门禁系统管理的需求，可以实现远程开门、用户管理、权限管理、时段管理、考勤管理、超级密码等多种高级应用功能。

（5）电子地图。升级后的系统支持 GIS 地图的导入和实时位置信息查看，电子地图能对已经添加到图片上的监控点实时预览，能够显示环境量数据，并且动态展示报警信息，可以对门禁、空调等设备进行远程控制操作。

（6）智能联动。升级后的系统支持智能联动配置，可以实现告警联动控制输出或相应视频输出，触发告警可以按逻辑关系自由组合配置，灵活方便，充分利用系统内部资源，增加了系统的实用性，有利于变电站无人值守模式的深入推广。

3. SCADA 联动功能

市公司视频监控系统位于安全三区，其故障告警视频联动功能主要由视频模块、故障告警模块和智能联动模块组成，分别对图像数据、故障告警信息和联动信息进行处理。三个模块均通过位于三区的以太网络进行交互。视频模块通过电力综合数据网与各变电站三区网络相连，采集并控制视频信息。故障告警模块经由防火墙、"五防"系统和单向隔离装置与电网调度控制系统相连，电网调度控制系统向故障告警模块发送故障告警信息。平台与 SCADA 联动流程如图 4-21 所示。

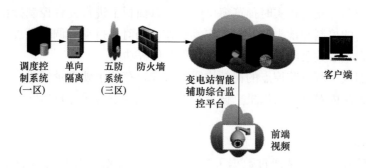

图 4-21　平台与 SCADA 联动流程

故障告警模块通过与"五防"系统通信，将断路器与隔离开关位置、保护动作、变压器油温等故障告警信息传到智能联动模块以进一步进行联动处理，故障告警模块与"五防"系统采用防火墙进行隔离。

当变电站进行隔离开关分、合操作或主变压器油温、油位非正常变化时，调度控制系统将变位信息或越限信息传至"五防"系统，"五防"系统接收到信息后将信息发送至平台故障告警模块，故障告警模块处理后发出告警并通知智能联动模块将现场摄像机在视频工作站显示屏上自动弹出，并自动调到对应预置位，进行视频确认。

4. 视频质量诊断

视频图像效果直接关系到整个监控系统的效果，视频监控系统前端摄像机图像随着使用时间的增加，会出现亮度变暗、颜色变浅、对比度差、视频丢失、画面冻结、图像模糊、噪声干扰、滚屏、强横纹等各种图像异常的问题。为了协助维护人员在第一时间发现问题、解决问题，及时排除视频监控系统在运行过程中出现的故障，本系统设计了视频质量诊断模块，支持离线、视频丢失、亮度异常、图像模糊、画面冻结、滚屏等摄像机异常情况的诊断和统计功能。系统运维人员可以根据需要，设定视频诊断的时间。视频质量诊断可以将维护人员从低技术含量的重复劳动中解脱出来，更专注于故障的分析和解决，提高运维效率，减低运维成本。